Teoria da Restauração

Artes&Ofícios
5

Teoria da Restauração

Cesare Brandi

Tradução
Beatriz Mugayar Kühl

Apresentação
Giovanni Carbonara

Revisão
Renata Maria Parreira Cordeiro

Ateliê Editorial

Título do original em italiano
Teoria del Restauro
Roma, Edizioni di Storia e Letteratura, 1963
Torino, Einaudi, 1977; 2000

Copyright © 1977 e 2000 Giulio Einaudi editore s.p.a., Torino

Direitos reservados e protegidos pela Lei 9.610 de 19.02.98.
É proibida a reprodução total ou parcial sem autorização,
por escrito, da editora.

1ª edição, 2004 / 2ª edição, 2005 / 3ª edição, 2008
4ª edição, 2013 / 1ª reimp., 2014 / 2ª reimp., 2016 / 3ª reimp., 2017/ 4ª reimp., 2019

Edição de acordo com a nova ortografia.

Dados Internacionais de Catalogação na Publicação (CIP)
(Câmara Brasileira do Livro, SP, Brasil)

Brandi, Cesare, 1906-1988.
Teoria da restauração / Cesare Brandi; tradução
Beatriz Mugayar Kühl; revisão Renata Maria
Parreira Cordeiro. – 4. ed. – Cotia, SP: Ateliê
Editorial, 2019. – (Coleção Artes & Ofícios)

Título original: Teoria del restauro.
Bibliografia.
ISBN – 978-85-7480-631-0

1. Objetos de arte – Conservação e restauração
I. Cordeiro, Renata Maria Parreira. II. Título. III. Série.

19-29138 CDD-702.8801

Índices para catálogo sistemático:
1. Obras de arte: Restauração: Teoria   702.8801
2. Restauração: Artes: Teoria   702.8801

Iolanda Rodrigues Biode – Bibliotecária – CRB-8/10014

Direitos reservados à
ATELIÊ EDITORIAL
Estrada da Aldeia de Carapicuíba, 897
06709-300 – Cotia – SP – Brasil
Tel.: (11) 4702-5915
www.atelie.com.br | contato@atelie.com.br
facebook.com/atelieeditorial | blog.atelie.com.br

Foi feito o depósito legal
Printed in Brazil   2019

Sumário

Apresentação – *Giovanni Carbonara* 9

Nota à Segunda Edição 19

Teoria da Restauração

1. O Conceito de Restauração 25

2. A Matéria da Obra de Arte 35

3. A Unidade Potencial da Obra de Arte 41

4. O Tempo em Relação à Obra de Arte e à Restauração 53

5. A Restauração Segundo a Instância da
   Historicidade 63

6. A Restauração Segundo a Instância Estética 77

7. O Espaço da Obra de Arte 91

8. A Restauração Preventiva 97

Apêndice

1. Falsificação 113

2. Apostila Teórica para o Tratamento das
   Lacunas 121

3. Princípios para a Restauração dos Monumentos ... 131

4. A Restauração da Pintura Antiga 139

5. A Limpeza das Pinturas em Relação à Pátina,
   aos Vernizes e às Veladuras 153

6. *Some Factual Observations About Varnishes
   and Glazes* 169

7. Retirar ou Conservar as Molduras como Problema
   de Restauração 209

Carta de Restauração 1972 223

Apresentação

Giovanni Carbonara

A reflexão de Cesare Brandi (1906-1988) manifesta uma dívida implícita no que concerne à contribuição teórica de Alois Riegl, mas se nutre, sobretudo, dos aportes – convergentes nos temas da conservação, mas em si plenamente autônomos – da experiência crítica pessoal do autor, bem como de suas elaborações e pesquisas no campo filosófico e estético. De qualquer forma, nos enunciados da restauração entendida como "ato de cultura" (Renato Bonelli) e também nas afirmações do "restauro crítico" (Bonelli e Roberto Pane) – desenvolvidos na Itália, em particular no âmbito arquitetônico, a partir de cerca de meados do século XX –, reconhecem-se posições, não divergentes, que encontraram no pensamento brandiano ulteriores motivos de comprovação e de sólido alargamento conceitual.

Por várias décadas e, em especial, a partir da fundação do Istituto Centrale del Restauro (Instituto Central de Restauração, ICR) em Roma, Cesare Brandi buscou – junto com as pesquisas conduzidas no campo estético e crítico e com as experimentações efetuadas no próprio Instituto – a configuração de uma ampla e sistemática enunciação filosófica do problema da restauração, traduzível tanto em uma "teoria" geral quanto em princípios operativos válidos.

Disso derivam algumas notáveis definições, como a que reconhece a peculiaridade da restauração com referência ao "produto especial da atividade humana a que se dá o nome de obra de arte", distinto "do comum dos outros produtos"; ato diverso de "qualquer intervenção voltada a dar novamente eficiência a um produto da atividade humana" com o objetivo de restabelecer sua "funcionalidade". Na restauração, de fato, as considerações de ordem funcional, que interessam sobretudo às "obras de arquitetura e, em geral, [a]os objetos da chamada arte aplicada", representam "só um lado secundário ou concomitante, e jamais o primário e fundamental".

Resulta disso um primeiro corolário: "qualquer comportamento em relação à obra de arte, nisso compreendendo a intervenção de restauro, depende de que ocorra o reconhecimento ou não da obra de arte como obra de arte". A própria restauração deverá, pois, articular seu conceito "não com base nos procedimentos práticos que caracterizam a restauração de fato, mas com base no conceito da obra de arte de que recebe a qualificação [...], pelo fato de a obra de arte condicionar a restauração e não o contrário".

A obra de arte (pintura, escultura, expressão arquitetônica, mas também centro histórico ou paisagem), como tal e como produto ou testemunho da atuação humana em um certo tempo e lugar, coloca a dúplice instância fundamental segundo a qual se deve estruturar: a histórica e a estética, podendo cada qual, para os fins da restauração, ter exigências próprias, diversas e contrastantes, desde a pura conservação, por um lado, até as propostas profundamente reintegrativas, por outro. Na contemporização das duas instâncias, que não pode ser resolvida com um simples compromisso, está o núcleo em redor do qual girou, pelo menos do Setecentos até hoje, toda a reflexão sobre o restauro.

A alternativa conservação / re-criação, muito evidente na contraposição ideal de John Ruskin a Eugène Emmanuel Viollet-le-Duc, espelha aquela outra mais profunda, a da historicidade / artisticidade do objeto da restauração, que Brandi, enquanto enfrenta o problema crucial da conservação ou remoção das adições, mostra sempre o desejo de resolver através do recurso a um "juízo de valor" que determina "a prevalência de uma ou de outra instância".

Das breves notas que precedem, podem ser extraídas três proposições fundamentais:

1. o restauro é ato crítico, dirigido ao reconhecimento da obra de arte (sem o que a restauração não é o que

deve ser); voltado à reconstituição do texto autêntico da obra; atento ao "juízo de valor" necessário para superar, frente ao problema específico das adições, a dialética das duas instâncias, a histórica e a estética.

2. por tratar de obras de arte, a restauração deve privilegiar a instância estética ("que corresponde ao fato basilar da artisticidade pela qual a obra de arte é obra de arte").

3. a obra de arte é entendida na sua totalidade mais ampla (como imagem e como consistência material, resolvendo-se nesta última "também outros elementos intermediários entre a obra e o observador") e, por conseguinte, o restauro é considerado como intervenção sobre a matéria, mas também como salvaguarda das condições ambientais que assegurem a melhor fruição do objeto e, quando necessário, como forma de resolver a ligação entre espaço físico, em que tanto o observador quanto a obra se inserem, e a espacialidade própria da obra.

Nesse sentido, parece-nos que, como se acenava no início, mesmo no rigor e na originalidade da postura, a *Teoria* não contrasta com as aquisições do "restauro crítico"[1], mas resolve suas indicações em um quadro amplo

---

1. No que se refere às transformações por que passou a teoria de restauração, veja-se a obra de Giovanni Carbonara, *Avvicinamento al Restauro*, Napoli, Liguori, 1997. O "restauro crítico" (pp. 185-301) propôs-se a uma reelaboração teórica, de caráter estético e filosófico, em decorrência

e sistemático, acolhendo muito de seus aspectos qualificantes e inovadores – em particular, a prevalência dada à instância estética – junto com as numerosas objeções feitas às consolidadas certezas do "restauro científico" ou "filológico" do início do século XX.

Por fim, algumas considerações relativas à oportunidade que a restauração – precisamente pela importância de que é revestida pela instância estética – se apresente de forma sempre satisfatória no que tange à figuração e se resolva de modo a não infringir, por excesso de escrúpulos arqueológicos, "exatamente a unidade que se visa a reconstruir"; ou, também, a contestação do critério empírico da "tinta neutra", quintessência da impessoalidade do restaurador; ou, de modo ainda mais claro, as indicações a propósito da "restauração preventiva" e da resolução, que em muitos casos se torna reinvenção e, portanto, verdadeiro projeto, da particular união entre a obra e o espaço existencial, deixando entrever como

---

da crise teórico-metodológica evidenciada pelos danos dos bombardeios da Segunda Guerra Mundial; p. 285: "[O restauro crítico] parte da afirmação de que toda intervenção constitui um caso em si, não classificável em categorias (como aquelas meticulosamente precisadas pelos teóricos do chamado restauro 'científico': completamento, liberação, inovação, recomposição etc.), nem responde a regras prefixadas ou a dogmas de qualquer tipo, mas deve ser reinventado com originalidade, de vez em vez, caso a caso, em seus critérios e métodos. Será a própria obra, indagada atentamente com sensibilidade histórico-crítica e com competência técnica, a sugerir ao restaurador a via mais correta a ser empreendida". As formulações teóricas de meados do século XX evidenciam a individualidade e particularidades de cada obra, sendo essencial o juízo crítico (que não deve ser confundido com uma mera interpretação e muito menos com uma opinião pessoal), alicerçado na história da arte e na estética. (N. da T.)

Brandi não considera de todo ausentes, nem ilícitos, os aspectos criativos no trabalho de restauração.

Remontando aos precedentes de Brandi no campo da especulação teórica do restauro propriamente dito, poderemos talvez reconhecer, com Riegl, algumas dívidas no que concerne a Antoine Chrysostome Quatremère de Quincy para as questões de museologia, enquanto Viollet-le-Duc e Ruskin, ainda que presentes no fundo de toda a tratativa, não são jamais citados na *Teoria*; tampouco são mencionados Camillo Boito e Gustavo Giovannoni ou os pensadores mais antigos, tais como Luigi Crespi ou Francesco Algarotti. De fato, Brandi busca as pedras angulares sobre as quais fundar a própria teoria em outra sede, fora do campo próprio à conservação, fora de seu âmbito especulativo e de sua atormentada vicissitude histórica; prefere remeter-se, por princípio e por via dedutiva, diretamente à estética e à filosofia da arte, investigada por ele de modo paralelo à restauração.

Sobre tais bases, com grande distância e com soberana indiferença em relação ao debate especializado contemporâneo seu (a não ser por algumas precisões necessárias contra as drásticas limpezas das pinturas feitas na National Gallery de Londres), Brandi constrói, a partir das fundações, a sua teoria, propondo mais uma vez e discutindo as principais questões sempre presentes na matéria: o que é a restauração, qual é a sua relação com a obra de arte, como esta última se manifesta, o que é testemunho histórico e como nós o consideramos em relação ao restauro.

Disso derivam os "axiomas" e os "corolários", todos consequentes e ditados por uma lógica rigorosa, em que se acreditou, em tempos recentes, encontrar fáceis motivos para considerá-la superada (como a presumida falta de interesse pela "matéria" da obra ou o valor não geral, mas exclusivamente grafo-pictórico da *Teoria*), elaborando críticas que, com frequência, são apenas petições de princípio ou verdadeiros equívocos. Reconhece-se, porém, na longa e apaixonada pesquisa conduzida por Brandi, a contribuição, cada qual por sua vez, das mais atuais formulações filosóficas (partindo, segundo uma ascendência sempre kantiana, do idealismo e do espiritualismo de Benedetto Croce, em direção, no início, à fenomenologia de Edmund Husserl, e, depois, ao estruturalismo e também ao existencialismo de Jean-Paul Sartre, sem excluir, por fim, Martin Heidegger).

Como o próprio Brandi afirma, essa construção teórica poderia ser minada tão só negando a "arte na economia da consciência humana", retirando, pois, a legitimidade do "juízo de valor" que é o único a poder ativar e resolver, caso a caso, a fundamental dialética das duas instâncias. É isso que propõem os fautores da "pura conservação", justamente partindo das mesmas raízes extrarrestaurativas da restauração: da filosofia da história e da historiografia atuais.

Uma outra crítica, dessa vez mais genérica, manifesta-se como uma espécie de intolerância em relação a qualquer tentativa de enuclear critérios e princípios teóricos para a restauração, para a qual poderia bastar, ao contrário, apenas um pouco de empirismo; em substância, consideram-se todas as "teorias" como abstratas e incapazes de responder ao escopo. Objeção, em si, muito grosseira e, nesse caso específico, de todo infundada. Com efeito, justamente o fato de dirigir o ICR, da sua fundação até 1960, quando se tornou professor universitário, permitiu que Brandi adquirisse uma extraordinária experiência de verificação dos assuntos teóricos em uma prática sempre de altíssimo nível e consciente, de modo pleno, das próprias referências de método, para o que teve a ajuda de alunos como Giovanni Urbani, seu sucessor no ICR, Laura e Paolo Mora, por sua vez, mestres de gerações de restauradores mais jovens.

Observando os muitos anos de profícua atividade do ICR, seria possível afirmar, com razão, que não existe nada que tenha sido mais completa e repetidamente experimentado do que a *Teoria* brandiana.

O problema na época atual é, quando muito, outro: o de estender a experimentação, preferencialmente mantida pelo ICR no campo da pintura e da escultura, a outros âmbitos, em especial à arquitetura, com a intenção de ampliar e renovar seus métodos e aplicações, bem como elevar a qualidade média das restaurações, hoje, ademais, insatisfatórias.

Nesse sentido, a conjunção, em muitos sentidos possível, da teoria brandiana com o pensamento do "restauro crítico" delineou, de fato, novas perspectivas de desenvolvimento.

Pessoalmente, estamos convencidos de que a linha mais correta e mais consoante à defesa do patrimônio cultural – não só italiano nem só europeu –, seja a crítico-brandiana, desde que se tenha presente que a ampliação que ocorreu do conceito de bem cultural fez emergir, na sua nova dimensão quantitativa, a necessidade de uma tutela difusa e de um empenho específico na defesa da documentação histórico-testemunhal como tal ("testemunhos que possuem valor de civilização", "expressões de cultura material", "objetos de pesquisa científica"); uma linha a ser percorrida, portanto, com atenção especial por aquela declinação crítico-conservativa (ou seja, aberta, seguramente, à necessária "seletividade" do "juízo de valor", mas também consciente da maior quantidade e estratificação dos bens a serem tutelados, não mais limitados, como no passado, à categoria única das "obras de arte") que se pode reconhecer, no que tange ao campo arquitetônico, nas mais recentes e perspicazes reflexões sobre a matéria.

É, portanto, um grande contentamento que a iniciativa desta tradução parta de uma estudiosa de restauração arquitetônica como Beatriz Mugayar Kühl, evidenciando, além da persistente atualidade do pensamento brandiano, um profícuo trabalho de aprofundamento da sua obra fora do campo exclusivo da pintura e escultura – em que, como foi dito, alguns gostariam impropriamente de confiná-la –, e de modo pleno, dentro daquele da arquitetura e, em alguns casos afortunados, também da restauração urbana.

O fato de, após algumas recentes edições surgidas em diversas nações europeias, a *Teoria* poder hoje ser difundida nos países de língua portuguesa, que interessam a pelo menos três continentes, é verdadeiramente um motivo de grande satisfação e de reconhecimento em relação aos promotores da iniciativa que representa, sem dúvida, um corajoso sinal de abertura e uma significativa contribuição de cultura e educação para o restauro e para a tutela das nossas memórias comuns, sem confins geográficos ou políticos.

Giovanni Carbonara
Roma, agosto de 2003

Nota à Segunda Edição

Em 1960, quando se completaram vinte anos do funcionamento do Instituto Central de Restauração, de que fui fundador, em 1939, e diretor contínuo até aquela data, Dom Giuseppe De Luca, literato e amigo de artistas, proprietário das Edizioni di Storia e Letteratura, quis reunir em um volume os escritos e as aulas que durante aquelas duas décadas eu havia dedicado à restauração. Licia Vlad Borrelli, Joselita Raspi Serra, Giovanni Urbani, que no Instituto haviam trabalhado sob a minha direção, dedicaram-se a ordenar os escritos e a recolher as aulas.

Em 1961, chamado para a cátedra de história da arte da Universidade de Palermo, deixei o Instituto. O livro foi publicado em Roma em 1963, mas Dom Giuseppe De Luca não o pode ver impresso.

Esgotada a edição, mas não a sua serventia – tendo, antes, crescido em todo o mundo a atividade da restauração, mas não na mesma medida melhorada –, para formar restauradores e críticos de arte, que devem zelar pelas obras artísticas, uma reedição se fazia necessária, tendo sido providenciada pelo editor Einaudi, no quadro da publicação das minhas obras.

Na sua nova edição[1], o texto permaneceu inalterado, não tendo eu visto motivos de mudança, e sendo, ademais, uma obra de teoria, ainda que voltada a sustentar e instituir uma determinada prática, que na atuação do Instituto Central de Restauração vê o seu profícuo prosseguimento. Acrescenta-se apenas, no final, a Carta de Restauração promulgada em 1972 e que alcança quase por completo, na sua normativa, os princípios que se explicitaram nestas páginas.

C. B.
[1977]

---

1. A primeira edição foi publicada em 1963 pelas Edizioni di Storia e Letteratura, sendo fartamente ilustrada e acompanhada de notícias biográficas sobre o autor e de uma extensa lista de sua produção bibliográfica. O texto do livro foi reeditado pela Einaudi, de Turim, em 1977 e 2000. A presente tradução segue a publicação da Einaudi. (N. da T., que agradece Gladys e Paulo M. Kühl e Claudia dos Reis e Cunha pela paciente leitura desta versão em português.)

Teoria da Restauração

Em memória de Dom Giuseppe De Luca
que desejou este livro, mas não o pôde ver impresso

1. O Conceito de Restauração

Em geral, entende-se por restauração qualquer intervenção voltada a dar novamente eficiência a um produto da atividade humana. Nessa concepção comum do restauro[1], que se identifica com aquilo que de forma mais exata deve denominar-se esquema preconceitual[2], já se encontra enucleada a ideia de uma intervenção sobre um

1. Apesar do vocábulo restauração ser o mais comumente empregado em português e o mais antigo, a palavra restauro comparece em dicionários da língua portuguesa como seu sinônimo desde 1899 (confira os verbetes na obra de Cândido de Figueiredo, *Novo Dicionário da Língua Portuguesa*, 2 vols., Lisboa, Cardoso & Irmão, 1899), sendo, portanto, também de uso consolidado. Em alguns casos optou-se por empregar restauro, em vez de restauração, para evitar a excessiva aliteração em uma mesma frase (especialmente do fonema "ão"). (N. da T.)
2. Para o conceito de esquema preconceitual, ver Cesare Brandi, *Celso o della Poesia*, Torino, Einaudi, 1957, pp. 37 e ss.

produto da atividade humana; qualquer outra intervenção, seja na esfera biológica seja na física não entra, portanto, sequer na noção comum de restauro. Assim sendo, no progredir do esquema preconceitual de restauração ao conceito, é inevitável que a conceituação ocorra com referência à variedade dos produtos da atividade humana a que se deve aplicar a específica intervenção que se chama restauro. Ter-se-á, portanto, uma restauração relativa aos manufatos industriais e uma restauração relativa às obras de arte: mas, se a primeira acabará por tornar-se sinônimo de reparação ou de restituição de um estado anterior, a segunda disso se diferenciará, não só pela diversidade das operações a serem efetuadas. Na verdade, quando se tratar de produtos industriais – entendendo-se isso na mais ampla escala, que parte do mais diminuto artesanato –, o escopo da restauração será evidentemente restabelecer a funcionalidade do produto, estando, por isso, a natureza da intervenção de restauro ligada de forma exclusiva à realização desse fim.

Mas, quando se tratar, ao contrário, de obra de arte, mesmo se entre as obras de arte haja algumas que possuam estruturalmente um objetivo funcional, como as obras de arquitetura e, em geral, os objetos da chamada arte aplicada, claro estará que o restabelecimento da funcionalidade, se entrar na intervenção de restauro, representará, definitivamente, só um lado secundário ou concomitante, e jamais o primário e fundamental que se refere à obra de arte como obra de arte.

Revelar-se-á, então, de pronto, que o produto especial da atividade humana a que se dá o nome de obra de arte, assim o é pelo fato de um singular reconhecimento que vem à consciência: reconhecimento duplamente singular, seja pelo fato de dever ser efetuado toda vez por um indivíduo singular, seja por não poder ser motivado de outra forma a não ser pelo reconhecimento que o indivíduo singular faz dele. O produto humano a que se volta esse reconhecimento se encontra ali, diante de nossos olhos, mas pode ser classificado de modo genérico entre os produtos da atividade humana, até que o reconhecimento que a consciência faz dele como obra de arte, excetue--o, definitivamente, do comum dos outros produtos. Essa é, sem dúvida alguma, a característica peculiar da obra de arte, quando não questionada na sua essência e no processo criativo que a produziu, mas quando começa a fazer parte do mundo, do particular ser no mundo de cada indivíduo. Tal peculiaridade não depende das premissas filosóficas de que se parte, mas quaisquer que sejam, deve ser de pronto evidenciado, apenas, que se aceite a arte como um produto da espiritualidade humana.

Isso não deve levar a crer que se deva afastar de uma concepção idealista, porque mesmo pondo-se em seu polo oposto, em um ponto de vista pragmático, é igualmente essencial para a obra de arte o seu reconhecimento como obra de arte.

Referindo-se, assim, a Dewey[3], essa característica estará indicada de modo claro:

---

3. John Dewey, *Art as Experience*, New York, 1934; faz-se referência, por

Uma obra de arte, não importa quão antiga e clássica, é realmente, e não apenas de modo potencial, uma obra de arte quando vive em experiências individualizadas. Como um pedaço de pergaminho, de mármore, de tela, ela permanece (sujeita, porém, às devastações do tempo) idêntica a si mesma através dos anos. Mas como obra de arte, é recriada todas as vezes que é experimentada esteticamente.

Isso significa que, até que essa *recriação* ou *reconhecimento* ocorra, a obra de arte é obra de arte só potencialmente, ou, como escrevemos, *existe* apenas na medida em que *subsiste* – como resulta também da passagem de Dewey – como pedaço de pergaminho, de mármore, de tela.

Uma vez esclarecido esse ponto, não será fonte de surpresa derivar disso o seguinte corolário: qualquer comportamento em relação à obra de arte, nisso compreendendo a intervenção de restauro, depende de que ocorra o reconhecimento ou não da obra de arte como obra de arte.

Mas se o comportamento em relação à obra de arte está estreitamente ligado ao juízo de artisticidade[4] – e a isso conduz o reconhecimento – também a qualidade da intervenção estará, do mesmo modo, estreitamente determinada por ele. O que significa que também aquela fase da restauração, que a obra de arte pode ter em comum com outros produtos da atividade humana, representa apenas uma fase complementar relacionada com a qua-

---

comodidade de confrontação, à tradução italiana de Maltese, *Arte come Esperienza*, Firenze, La nuova Italia, 1951, p. 130.

4. Brandi utiliza alguns neologismos em seu texto que foram mantidos nesta tradução. (N. da T.)

lificação que a intervenção recebe pelo fato de dever ser realizada sobre uma obra de arte. Disso deriva ainda a legitimidade, por causa dessa singularidade inconfundível, de excetuar a restauração, como restauro de obra de arte, da acepção comum de restauro que foi explicitada acima, e a necessidade de articular o conceito, não com base nos procedimentos práticos que caracterizam a restauração de fato, mas com base no conceito da obra de arte de que recebe a qualificação.

Chega-se, desse modo, a reconhecer a ligação indissolúvel que existe entre a restauração e a obra de arte, pelo fato de a obra de arte condicionar a restauração e não o contrário. Mas vimos que é essencial para a obra de arte o seu reconhecimento como tal, e que nesse momento se dá o reingresso da obra de arte no mundo. A ligação entre restauração e obra de arte se estabelece, pois, no ato do reconhecimento, e continuará a se desenvolver em seguida, mas no ato do reconhecimento tem as suas premissas e as suas condições. A partir desse reconhecimento serão levadas em consideração não apenas a matéria através da qual a obra de arte subsiste, mas também a bipolaridade com que a obra de arte se oferece à consciência.

Como produto da atividade humana, a obra de arte coloca, com efeito, uma dúplice instância: a instância estética que corresponde ao fato basilar da artisticidade pela qual a obra de arte é obra de arte; a instância histórica que lhe compete como produto humano realizado em um certo tempo e lugar e que em certo tempo e lugar se encontra. Como se vê, não é sequer necessário acrescentar a instância da utilidade, que, definitivamente, é a única formulada para os outros produtos humanos, porque essa utilidade, mesmo se presente, tal como na arquitetura, não poderá ser levada em consideração de forma isolada para a obra de arte, mas tão só com base na consistência física e nas duas instâncias fundamentais, a partir das quais se estrutura a obra de arte na recepção que a consciência faz dela.

Ter reconduzido o restauro à relação direta com o reconhecimento da obra de arte como tal torna possível agora dar a sua definição: *a restauração constitui o momento metodológico do reconhecimento da obra de arte, na sua consistência física e na sua dúplice polaridade estética e histórica, com vistas à sua transmissão para o futuro*.

Dessa estrutura fundamental da obra de arte, na recepção que dela faz a consciência individual, deverão naturalmente derivar também os princípios em que será necessário que a restauração se inspire na sua atuação prática.

A consistência física da obra deve necessariamente ter a precedência, porque representa o próprio local da manifestação da imagem, assegura a transmissão da imagem ao futuro e garante, pois, a recepção na consciência humana. Por isso, se do ponto de vista do reconhecimento da obra de arte como tal, tem prevalência absoluta o lado artístico, na medida em que o reconhecimento visa a conservar para o futuro a possibilidade dessa revelação, a consistência física adquire primária importância.

Na verdade, apesar de o reconhecimento dar-se sempre na consciência singular, naquele mesmo momento pertence à consciência universal, e o indivíduo que frui daquela revelação imediata impõe a si próprio o imperativo categórico, como o imperativo moral, da conservação. A conservação se desenreda em uma gama infinita, que vai do simples respeito à intervenção mais radical, como ocorre no caso de se remover afrescos ou de se fazer a transposição de pinturas sobre madeira ou sobre tela.

Claro está que, apesar de o imperativo da conservação se voltar de modo genérico à obra de arte na sua complexa estrutura, está relacionado, em particular, com a consistência material em que se manifesta a imagem. Para que essa consistência material possa durar o maior tempo possível, deverão ser feitos todos os esforços e pesquisas.

Mas, qualquer que seja a intervenção, será, outrossim, a única legítima e imperativa em qualquer caso; a única que deve explicitar-se com a mais vasta gama de subsídios científicos; e a primeira, se não a única, que a obra de arte, a bem dizer, consente e requer na sua fixa e não repetível subsistência como imagem.

Donde se esclarece o primeiro axioma: *restaura-se somente a matéria da obra de arte*.

Mas os meios físicos aos quais é confiada a transmissão da imagem não são apenas flanqueados a ela, são, antes, a ela coextensivos: não existe a matéria de um lado e a imagem do outro. E, no entanto, por mais coextensivos que sejam em relação à imagem, tal coextensividade não poderá manifestar-se por completo no interior da imagem. Certa parte desses meios físicos funcionará como suporte para os outros aos quais será mais propriamente confiada a transmissão da imagem, ainda que estes últimos deles necessitem por razões estreitamente ligadas à subsistência da imagem. Assim ocorre com as fundações para uma obra de arquitetura, a madeira ou a tela para uma pintura e assim por diante.

Se as condições da obra de arte forem tais a ponto de exigirem sacrifício de uma parte da sua consistência material, o sacrifício, ou, de qualquer modo, a intervenção, deverá concluir-se segundo aquilo que exige a instância estética. E será essa instância a primeira em qualquer caso, porque a singularidade da obra de arte em relação aos outros produtos humanos não depende da sua consistência material e tampouco da sua dúplice historicidade, mas da sua artisticidade, donde se ela perder-se, não restará nada além de um resíduo.

Tampouco poderá ser subestimada a instância histórica. Foi dito que a obra de arte goza de uma dúplice historicidade, ou seja, aquela que coincide com o ato de sua formulação, o ato da criação, e se refere, portanto, a um artista, a um tempo e a um lugar, e uma segunda historicidade que provém do fato de insistir no presente de uma consciência, e portanto, uma historicidade que se refere ao tempo e ao lugar em que está naquele momento. Voltaremos de forma mais pormenorizada sobre o tempo em relação à obra de arte, mas por ora, a distinção dos dois momentos é suficiente.

O período intermediário entre o tempo em que a obra foi criada e esse presente histórico, que de modo contínuo se desloca para frente, será constituído de outros tantos presentes históricos que se tornaram passados, mas de cujo trânsito a obra poderá ter conservado os traços. Mas também em relação ao lugar onde a obra foi criada ou para onde foi destinada e aquele em que está no momento da nova recepção na consciência, poderão ter ficado traços no próprio âmago da obra.

Ora, a instância histórica refere-se não apenas à primeira historicidade, mas também à segunda.

A contemporização entre as duas instâncias representa a dialética da restauração, exatamente como momento metodológico do reconhecimento da obra de arte como tal.

Por conseguinte, pode-se enunciar o segundo princípio do restauro: *a restauração deve visar ao restabelecimento da unidade potencial da obra de arte, desde que isso seja possível sem cometer um falso artístico ou um falso histórico, e sem cancelar nenhum traço da passagem da obra de arte no tempo.*

2. A Matéria da Obra de Arte

O primeiro axioma relativo à matéria da obra de arte, como único objeto da intervenção de restauro, exige um aprofundamento do conceito de matéria em relação à obra de arte. O fato de os meios físicos, de que a imagem necessita para se manifestar, representarem um meio e não um fim, não deve eximir de investigação aquilo em que constitui a matéria com respeito à imagem, investigação que a Estética idealista quis, em geral, transcurar, mas que a análise da obra inexoravelmente reapresenta. De mais a mais, nem mesmo Hegel pôde furtar-se de se referir ao "material externo e determinado", embora não tenha apresentado uma conceituação da matéria no que concerne à obra de arte. Nessa relação, a matéria adquire uma fisionomia precisa e é com base em tal relação que deve, então, ser definida, uma vez que seria de todo inoperante adotar um ponto de vista ontológico, ou gnosiológico, ou epistemológico. Será só em um segundo momento, quando se chegar à intervenção prática de restauro, que se fará necessário também um conhecimento científico da matéria na sua constituição física. Mas, de início, e sobretudo em relação ao restauro, deve-se definir a matéria, pelo fato de representar contemporaneamente o *tempo* e o *lugar* da intervenção de restauro. Por isso, só nos podemos servir de um ponto de vista fenomenológico e, sob esse aspecto, a matéria se mostra como "aquilo que serve à epifania da imagem". Tal definição reflete um procedimento análogo àquele que conduz à definição do belo, definível tão só pela via fenomenológica, como já o fizera a Escolástica: *quod visum placet*[1].

A matéria como epifania da imagem dá, portanto, a chave do desdobramento, apenas esboçado e agora definido como *estrutura* e *aspecto*.

A distinção dessas duas acepções fundamentais insere, ademais, o conceito da matéria na obra de arte, não de modo diverso, porém ainda mais inseparável do que aquele que é o *verso* e o *recto* para a medalha. É claro que o fato de ser prevalentemente *aspecto* ou prevalentemente *estrutura* serão duas funções da matéria na obra de arte, e uma em geral não contradirá a outra, sem que com isso se possa excluir um conflito. Semelhante conflito, como para a instância estética em contraste

---

1. "Aquilo que agrada ao olhar." (N. da T.)

com a instância histórica, só poderá ser resolvido com a prevalência do aspecto sobre a estrutura, quando não puder ser conciliado de outra maneira. Veja-se o exemplo mais evidente de uma pintura sobre madeira, em que a madeira esteja de tal modo porosa a ponto de não mais oferecer um suporte adequado; a pintura será então a matéria como aspecto, a madeira, a matéria como estrutura, ainda que a divisão possa ser muito menos precisa, porque o fato de ser pintada sobre madeira transfere à pintura características particulares que poderiam desaparecer ao se suprimir a madeira. E, portanto, a distinção entre aspecto e estrutura se revela muito mais sutil do que pode parecer à primeira vista, e nem sempre, para fins práticos, será de todo possível. Veja-se agora um outro exemplo, aquele de um edifício que, parcialmente derrubado por um terremoto, se presta, no entanto, a uma reconstrução ou anastilose. Nesse caso, o aspecto não pode ser considerado só como a superfície externa dos blocos, mas estes últimos deverão permanecer como blocos, não apenas na superfície; no entanto, a estrutura parietal interna poderá mudar, para se garantir de futuros terremotos e até mesmo a estrutura interna das colunas, se existirem, poderá ser substituída, desde que não se altere com isso o aspecto da matéria. Mas também aqui será necessária uma refinada sensibilidade para assegurar que a estrutura alterada não se repercuta no aspecto.

Muitos erros funestos e destrutivos derivaram do próprio fato de não se ter indagado a matéria da obra de arte na sua bipolaridade de aspecto e de estrutura. Uma enraizada ilusão que, para os fins da arte poderia chamar-se ilusão de imanência, fez considerar idênticos, por exemplo, o mármore ainda não desbastado de uma pedreira e aquele que se tornou estátua; enquanto o mármore não desbastado possui somente a sua constituição física, o mármore da estátua sofreu a transformação radical de ser veículo de uma imagem, historicizou-se através da obra do homem, e entre o seu subsistir como carbonato de cálcio e o seu ser imagem, abriu-se uma insuperável descontinuidade. Donde, como imagem, desdobra-se em aspecto e estrutura e subordina a estrutura ao aspecto. Quem então acreditasse que, só por ter identificado a pedreira de onde foi extraído o material para um monumento antigo, estivesse autorizado a extrair uma vez mais para um refazimento do próprio monumento, em casos em que de refazimento se trate e não de restauração, não veria justificada a sua suposição pelo fato de *a matéria ser a mesma*: a matéria não será de modo algum a mesma, mas, sendo historicizada pela obra atual do homem, pertencerá a esta época e não àquela mais longínqua, e por mais que seja quimicamente a mesma, será diversa e acabará, do mesmo modo, por constituir um falso histórico e estético.

Um outro erro, ainda em alguns radicado, e que deriva, de igual modo, do insuficiente questionamento daquilo que representa a matéria na obra de arte, aninha-se na concepção, cara ao positivismo de Semper e de Taine, concernente à matéria que geraria ou, de todo modo, determinaria o estilo. Estará claro que um sofisma similar deriva da falta de distinção entre a estrutura e o aspecto e da assimilação da matéria, como veículo da forma, à própria forma. Chegava-se, em conclusão, a considerar o aspecto que a matéria assume na obra de arte como função da estrutura.

No polo oposto, o fato de transcurar, como acontece nas estéticas idealistas, o papel da matéria na imagem, deriva de não se ter reconhecido a importância da matéria como estrutura, chegando ao mesmo resultado de assimilar o aspecto à forma, mas dissolvendo-a como matéria.

A distinção basilar entre o aspecto e a estrutura pode chegar algumas vezes a tamanha dissociação que o aspecto acaba por preceder, paradoxalmente, a estrutura, mas apenas nos casos em que a obra de arte não pertença à categoria figurativa, tais como a poesia e a música, em que a escritura – que, ademais, não é o meio físico próprio àquelas artes, mas o trâmite – faz o aspecto preceder, ainda que de forma simbólica, a efetiva produção do som, da nota, ou da palavra.

Uma outra concepção errônea da matéria na obra de arte limita esta última à consistência material de que resulta a própria obra. É uma concepção que parece difícil de desmontar, mas que, para dissolvê-la, basta contrapô-la à noção de que a matéria permite a manifestação da imagem e que a imagem não limita a sua espacialidade ao invólucro da matéria transformada em imagem: poderão ser assumidos como meios físicos de transmissão da imagem também outros elementos intermediários entre a obra e o observador. Em primeiríssimo lugar, colocam-se a qualidade da atmosfera e da luz. Também certa atmosfera límpida e certa luz fulgurante podem ter sido assumidas como o próprio lugar de manifestação da imagem, a justo título, do mesmo modo que o mármore, o bronze ou outra matéria. Daí, seria inexato sustentar que para o Partenon foi usado como meio físico apenas o pentélico, porque não menos do que o pentélico, é matéria também a atmosfera e a luz em que está. Donde a remoção de uma obra de arte de seu lugar de origem deverá ser motivada pela única e superior causa da sua conservação.

3. A Unidade Potencial da Obra de Arte

Esclarecido o significado e os limites a serem atribuídos à matéria como atinente à epifania da obra de arte, deve agora ser abordado o conceito de unidade, a que é necessário fazer referência para definir os limites da restauração.

Começar-se-á com a exclusão de que a unidade alcançada pela obra de arte pode ser concebida como a unidade orgânica e funcional que caracteriza o mundo físico, do núcleo atômico ao homem. E, nesse sentido, bastaria também definir a unidade da obra de arte como unidade qualitativa e não quantitativa: isso, porém, não serviria para diferenciar de modo claro a unidade da obra de arte da unidade orgânico-funcional, pelo fato de o fenômeno da vida não ser quantitativo, mas qualitativo.

Devemos, de início, sondar se é impreterível atribuir o caráter de unidade à obra de arte e, precisamente, a unidade que concerne ao *inteiro*, e não a *unidade* que se alcança no *total*. Se, de fato, a obra de arte não fosse concebida como um *inteiro*, deveria ser considerada como um total e, em consequência, ser composta de partes: daí se chegaria a um conceito geométrico da obra de arte, similar ao conceito geométrico do belo, e para isso valeria, como para o belo, a crítica a que o conceito já foi submetido por Plotino. Assim, se a obra de arte for composta de partes que são, cada uma delas em si, uma obra de arte, na realidade deveremos concluir que ou aquelas partes, singularmente, não são tão autônomas como se gostaria, e a partição tem valor de ritmo, ou que, no contexto em que aparecem, perdem o valor individual para ser reabsorvidas na obra que as contém. Ou a obra de arte que as contém é uma antologia e não uma obra de arte unitária, ou as obras de arte singulares atenuam, no complexo em que estão inseridas, a individualidade que faz delas, cada uma em si, uma obra autônoma. Essa especial atração que a obra de arte exerce sobre suas partes, quando se apresenta composta por partes, já é a negação implícita das partes como constitutivas da obra de arte.

Veja-se o caso de uma obra de arte que seja composta de partes, as quais, tomadas cada uma por si, não possuem nenhuma primazia estética particular, a não ser aquela de um genérico hedonismo ligado à beleza da matéria, à pureza do corte e assim por diante. Tomemos, pois, o caso do mosaico em relação à pintura, assim como o dos elementos – os tijolos, os blocos –, para a arquitetura. Sem nos delongarmos agora sobre o problema, que para nós é aqui colateral, do valor de ritmo que pode ser buscado e explorado pelo artista na fragmentação da matéria de que se serve para formular a imagem, permanece o fato de que tanto as tesselas do mosaico quanto os blocos, uma vez retirados da concatenação formal que o artista lhes impôs, tornam-se inertes e não conservam nenhum traço eficiente da unidade a que foram conduzidos pelo artista. Será como ler palavras em um dicionário, as mesmas palavras que o poeta havia reagrupado em um verso e que, se dele retiradas, voltam a ser grupos de sons semânticos e nada mais.

É, portanto, o mosaico, e a construção feita de blocos separados, o caso que de forma mais eloquente demonstra a impossibilidade para a obra de arte de ser concebida como um total, quando, ao contrário, deve realizar um inteiro.

No entanto, uma vez aceita para a obra de arte a "unidade do inteiro", deve-se perguntar se essa *unidade* não reproduz a unidade orgânica ou funcional como fundamentada de modo contínuo pela experiência. Aqui, as coisas que formam a natureza não subsistem como mônadas independentes: a folha chama o ramo, o ramo, a árvore; as patas e as cabeças cortadas que se veem nos açougues, ainda fazem parte do animal; e até mesmo os indumentos, por mais que sejam apresentados nas pregas estereotipadas da confecção, se referem de modo irrefutável ao homem. Na base da nossa experiência, ou seja, em nosso quotidiano ser no mundo, está precisamente a exigência de reconhecer ligações que conectem entre si as coisas existentes e de reduzir ao mínimo ou eliminar as coisas inúteis, aquelas, em outras palavras, cujos nexos com a nossa existência são ou ignorados ou, de certa forma, enfraquecidos. É claro que essa conexão existencial das coisas é função do próprio conhecimento, e é o primeiro momento da ciência: com base nessa elaboração científica, as leis se estabelecem e se tornam possíveis as previsões. Donde ninguém duvida, ao ver a cabeça de um cordeirinho sobre o balcão de um açougueiro, que ele tivesse, quando vivo, quatro patas.

Mas na imagem que a obra de arte formula, esse mundo da experiência aparece reduzido tão só a uma função cognitiva em meio à figuratividade da imagem: qualquer postulado de integridade orgânica se dissolve. *A imagem é verdadeiramente e somente aquilo que aparece*: a redução fenomenológica que serve para indagar o existente, torna-se, na Estética, o próprio axioma que define a essência da imagem. Por isso, a imagem de um homem de quem se vê apenas um braço em uma pintura, possui apenas um braço, e não se pode considerar mutilada por isso, porque, na realidade, não possui nenhum braço, dado que o "braço-que-se-vê-pintado" não é um braço, mas apenas uma função semântica com respeito ao contexto figurativo que a imagem desenvolve. A suposição do *outro* braço, isto é, daquele que não foi pintado, não pertence mais à contemplação da obra de arte, mas à operação inversa àquela através da qual a obra de arte foi criada, ou seja, à retrocessão da obra de arte à reprodução de objeto natural, pelo que o objeto natural nela representado, o animal-homem nesse caso, deveria possuir outro braço.

Ocorre que, embora por princípio alguém possa estar convencido do contrário, de que, em outras palavras, quem observa o retrato de um homem de quem se vê apenas um braço, de modo instintivo reproduz em si a unidade orgânica de um homem com dois braços, vice-versa, a recepção intuitiva e espontânea da obra de arte se dá exatamente do modo que indicamos, limitando a substância cognitiva da imagem, ou seja, o seu valor semântico, àquilo que dá a imagem e não além disso. Dessa observação podemos oferecer provas indiretas. Imagine-se uma pessoa que se depara com uma mão cortada ou, mesmo, com uma cabeça humana: no horror que sentiria, nem mesmo por um instante poderia duvidar que pertencessem a um indivíduo. Mas a representação em escultura de uma mão isolada ou de uma cabeça, a menos que seja feita para simular restos humanos, não apenas não suscitará nenhum horror, como nem sequer sugerirá o pensamento de se estar representando partes decepadas de um organismo. Tanto que devem ser usados expedientes especiais para que a representação em escultura de uma cabeça isolada possa ser interpretada sem anfibologia como uma cabeça destacada do busto. A iconografia de São João Batista ou de São Dionísio o ensina.

Com isso, mostra-se que a unidade orgânico-funcional da realidade existencial reside nas funções lógicas do intelecto, enquanto a unidade figurativa da obra de arte se dá *concomitantemente* com a intuição da imagem como obra de arte.

Chegando a esse ponto, temos duas proposições definidas para estabelecer os termos da restauração, isto é, regular uma práxis.

Atinamos que a obra de arte goza, com efeito, de uma singularíssima unidade pela qual não pode ser considerada como composta de partes; em segundo lugar, que essa *unidade* não pode ser equiparada à unidade orgânico-funcional da realidade existencial. Donde derivam dois corolários.

Para o primeiro, deduzimos que a obra de arte, não constando de partes, ainda que fisicamente fracionada, deverá continuar a subsistir *potencialmente* como um *todo* em cada um de seus fragmentos e essa *potencialidade* será exigível em uma proposição conexa de forma direta aos traços formais remanescentes, em cada fragmento, da desagregação da matéria.

Para o segundo, infere-se que se a "forma" de toda obra de arte singular é indivisível, e em casos em que, na sua matéria, a obra de arte estiver dividida, será necessário buscar desenvolver a unidade potencial originária que cada um dos fragmentos contém, proporcionalmente à permanência formal ainda remanescente neles.

Com esses dois corolários, é possível negar que se possa intervir na obra de arte mutilada e reduzida a fragmentos por *analogia*, porque o procedimento por *analogia* exigiria como princípio a equiparação da unidade intuitiva da obra de arte com a unidade lógica com a qual se pensa a realidade existencial. E isso foi rejeitado.

Ademais, produz-se a coma de a intervenção voltada a retraçar a unidade originária, desenvolvendo a unidade potencial dos fragmentos daquele *todo* que é a obra de arte, dever limitar-se a desenvolver as sugestões implícitas nos próprios fragmentos ou encontráveis em testemunhos autênticos do estado originário.

Mas, de fato, a essa coma, que se liga ao próprio início do ato de restauração, apresentam-se as duas instâncias, a instância histórica e a instância estética, que deverão, na recíproca contemporização, nortear aquilo que pode ser o restabelecimento da unidade potencial da obra de arte, sem que se venha a constituir um falso histórico ou a perpetrar uma ofensa estética.

Derivarão disso alguns princípios que, por serem práticos, não poderão, por isso, dizer-se empíricos.

O primeiro é que a integração deverá ser sempre e facilmente reconhecível; mas sem que por isso se venha a infringir a própria unidade que se visa a reconstruir. Desse modo, a integração deverá ser invisível à distância de que a obra de arte deve ser observada, mas reconhecível de imediato, e sem necessidade de instrumentos especiais, quando se chega a uma visão mais aproximada. Nesse sentido, são contraditos muitos axiomas da restauração chamada arqueológica, porque se assere não apenas a necessidade de atingir a unidade cromático-luminosa dos fragmentos com as integrações, mas, quando a distinção entre pedaços acrescentados e fragmentos puder ser assegurada com um especial e duradouro lavor, tampouco se exclui o uso de uma mesma matéria e da pátina artificial, sempre que se tratar de restauração e não de refazimento.

O segundo princípio é relativo à matéria de que resulta a imagem, que é insubstituível só quando colaborar diretamente para a figuratividade da imagem como aspecto e não para aquilo que é estrutura. Disso deriva, mas sempre em harmonia com a instância histórica, a maior liberdade de ação no que se refere aos suportes, às estruturas portantes e assim por diante.

O terceiro princípio se refere ao futuro: ou seja, prescreve que qualquer intervenção de restauro não torne impossível mas, antes, facilite as eventuais intervenções futuras.

Mas, com aquilo que precede, a questão não estaria exaurida, porque permanece sempre em aberto o problema das lacunas, colocado pela própria exigência que proíbe as integrações fantasiosas. Uma coisa é desenvolver a figuratividade do fragmento até se permitir que se una com o fragmento sucessivo, apesar de não contíguo; outra, é substituir o elemento figurativo desaparecido com uma integração analógica. Por isso, o problema da lacuna permanece sempre em aberto.

Uma lacuna, naquilo que concerne à obra de arte, é uma interrupção no tecido figurativo. Mas contrariamente àquilo que se acredita, o mais grave, em relação à obra de arte, não é tanto aquilo que falta, quanto o que se insere de modo indevido. A lacuna, com efeito, terá uma forma e uma cor, não relacionadas com a figuratividade da imagem representada. Insere-se, em outras palavras, como corpo estranho.

Ocorre que as análises e as experiências do *Gestaltismo* muito nos ajudam a interpretar o sentido da lacuna e a buscar os meios para neutralizá-la.

A lacuna, mesmo com uma conformação fortuita, coloca-se como *figura* em relação a um *fundo* que, então, passa a ser representado pela pintura. Na organização espontânea da percepção, junto com a exigência de simetria e com a da forma mais simples com a qual, em outras palavras, se busca interpretar instantaneamente a complexidade de uma percepção visiva, existe a relação institucional de figura e fundo. É, pois, um esquema espontâneo da percepção instituir, em uma percepção visiva, uma relação de figura e de fundo. Essa relação é depois articulada e desenvolvida na pintura segundo a espacialidade pré-escolhida em relação à imagem; mas quando no tecido da pintura manifestar-se uma lacuna, essa "figura" não prevista será percebida como figura para a qual a pintura faz papel de fundo: donde, à mutilação da imagem, se acrescenta uma *desvalorização*, um retrocesso a fundo daquilo que, ao contrário, nasceu como figura. Daí, nas primeiras tentativas de estabelecer uma metodologia da restauração que rejeitasse as integrações fantasiosas, surgiu a primeira solução empírica da *tinta neutra*. Buscava-se, em outras palavras, abrandar esse emergir da lacuna em primeiro plano, procurando empurrá-la para trás com uma tinta desprovida, o máximo possível, de timbre. O método era honesto, mas insuficiente. Ademais, foi fácil notar que não existia tinta neutra, que qualquer presumível tinta neutra vinha, na realidade, influenciar a distribuição cromática da pintura, porque, dessa vizinhança das cores com a tinta neutra, se apagavam as cores da imagem e se reforçava, na sua intrusa individualidade, a da lacuna. Com isso, parecia ter-se chegado a uma aporia. Por nossa conta, notamos de pronto que era necessário impedir que a lacuna se *compusesse* com as cores da pintura, de modo que aparecesse sempre em um nível diverso daquele da própria pintura: ou mais para frente, ou mais para trás. Tínhamos, na realidade, partido da observação óbvia de que, se aparece uma mancha em um vidro posto diante de uma pintura, essa mancha, que tira, no entanto, a visibilidade daquilo que está por trás quase como se fosse uma lacuna, dado que é percebida em um nível diverso da superfície da pintura, deixa perceber a continuação da pintura sob a mancha. Por isso, se conseguirmos dar à lacuna uma coloração que, em vez de se harmonizar ou de não exceder nas cores da pintura, se destaque violentamente no tom e na luminosidade, se não no timbre, a lacuna funcionará como a mancha no vidro: fará perceber a continuação da pintura sob a lacuna. Esse critério foi aplicado para os difíceis fundos da *Anunciação* de Antonello de Palazzolo Acreide[1]: as lacunas aparecem como manchas na pintura. Não era ainda a solução ideal, porém melhor do que as precedentes. Na realidade, para melhorá-la basta aplicar o princípio da diferença de nível (quando a estática da cor o permitir) à lacuna, fazendo com que a lacuna, de *figura* a que a pintura serve de fundo, funcione como fundo sobre o qual a pintura é figura. Então, mesmo a irregularidade casual da lacuna não mais incide violentamente sobre o tecido pictórico e, não o retrocedendo a fundo, coloca-se como uma parte da matéria-estrutura elevada a aspecto. Assim, na maioria das vezes, é suficiente deixar à vista a madeira ou a tela do suporte para obter um resultado limpo e aprazível, sobretudo porque se tira toda ambiguidade do violento aflorar da lacuna como figura. Nesse sentido, também a cor, retrocedida ao nível de fundo, prepara, mas não participa, não compõe de modo direto a distribuição cromática sobre a superfície pictórica.

Essa solução, por mais que fosse excogitada intuitivamente, recebeu o aval e a explicação do *Gestaltismo*, pelo fato de, precisamente, fazer frutificar um mecanismo espontâneo da percepção.

---

1. O autor refere-se à *Anunciação* feita em 1474 por Antonello da Messina, pertencente à igreja de Palazzolo Acreide. Em uma restauração de 1914, Cavenaghi promoveu a transposição da camada pictórica do suporte original para tela. O Instituto Central de Restauração interveio na obra, sendo o principal problema o tratamento das numerosas e extensas lacunas. A obra encontra-se na Pinacoteca do Museu do Palazzo Bellomo de Siracusa, que promoveu recentemente uma nova restauração da pintura. Dados contidos no texto de Brandi de 1942, republicado no livro: Cesare Brandi, *Il Restauro. Teoria e Pratica* (organização de Michele Cordaro), Roma, Editori Riuniti, 1994, pp. 82-83; 305. (N. da T.)

4. O Tempo em Relação à Obra de Arte e à Restauração

Depois de ter reconhecido a peculiar estrutura da obra de arte como unidade e explicitado como e até que ponto é possível a reconstituição da unidade potencial, que é o próprio imperativo da instância estética em relação ao restauro, deve-se aprofundar, em relação à instância histórica, o exame do tempo no que se refere à obra de arte.

É uma verdade consolidada que a distinção das artes no tempo e no espaço é provisória e ilusória, pelo fato de tempo e espaço constituírem as condições formais para qualquer obra de arte e se encontrarem estreitamente fundidos no ritmo que a forma institui.

No entanto, o *tempo*, além de ser estrutura do ritmo, está na obra de arte, não mais sob o aspecto formal, mas no fenomenológico, em três momentos diversos, e para qualquer obra de arte. Ou seja, em primeiro lugar, como *duração* ao exteriorizar a obra de arte enquanto é formulada pelo artista; em segundo lugar, como intervalo inserido entre o fim do processo criativo e o momento em que a nossa consciência atualiza em si a obra de arte; em terceiro lugar, como *átimo* dessa fulguração da obra de arte na consciência.

Essas três acepções do *tempo* histórico na obra de arte estão longe de estar sempre presentes e de ser perspícuas para quem se volta para a obra de arte; ao contrário, em geral se tende a confundi-las ou a substituir, pela acepção temporal do tempo histórico da obra de arte, globalmente entendido, o tempo extratemporal que, na condição de forma, a obra de arte realiza.

A confusão mais comum é a que visa a identificar o tempo da obra de arte com o presente histórico em que o artista ou o observador, ou ambos, vivem. Ao enunciá-lo, parece quase impossível que esse sofisma possa ocorrer; mas, ao contrário, corresponde a uma atitude de paralogismo quase inata, afim ao bom senso. Além disso, na base do sofisma está, de modo incontestável, a implícita negação da autonomia da arte. Ou seja, presume-se, pelo fato de, por exemplo, Giotto ter pintado composições que são universalmente consideradas obras de arte, ademais aclamadas já no próprio tempo de Giotto, que essas obras de arte *representem* de forma inegável a época em que Giotto viveu, no sentido de que a época teria expresso Giotto ainda mais do que Giotto a sua época. É claro que nessa suposição grosseira está implícita a confusão dos dois momentos basilares do processo criativo: no primeiro, que leva à individuação simbólica do objeto[1], o artista fará ou não confluir na sua escolha incontestáveis gostos e preocupações, teorias e ideologias, aspirações e conspirações que pode ter em comum com a sua época. Será problema seu. Mas quando passará à formulação daquele objeto, assim consagrado individual e secretamente, as concomitâncias externas que se coagularam no objeto constituído não permanecerão, de modo algum, ou permanecerão como o inseto que ficou encerrado na gota de âmbar. O tempo em que o artista vive, será ou não reconhecido naquela obra sua, e a validade desta não crescerá nem diminuirá em nada por causa disso.

No momento da reassunção atual, na consciência, da obra de arte, tenha ela sido formulada há poucos instantes ou há cem séculos, se a obra de arte quiser ser sentida em uma atualidade de participação, além da que unicamente lhe compete, a saber, de ser um eterno presente, isso significará que se submeterá a obra de arte a fazer as vezes de estímulo, dando lugar àquela que alguns chamam de *interpretação sugestiva*; ou seja, não será suficiente o fato de a obra de arte vir a irromper no átimo da consciência, átimo que se põe no tempo histórico, mas que também se identifica com o presente extra-

1. Para tudo o que se refere à teoria da criação artística nos seus momentos essenciais da constituição do objeto e da formulação de imagem, remetemos ao nosso *Carmine o della Pittura*, Firenze, Vellecchi, 1947 (Torino, Einaudi, 1962).

temporal da obra. Pedir-se-á à obra para descer do pedestal, suportar a gravitação do tempo em que vivemos, na própria conjunção existencial de que a contemplação da obra nos deveria extrair. E então, em se tratando de uma obra de arte antiga, será exigida dela uma atualidade que pode ser sinônimo de moda ou valer como tentativa de devolução da obra a finalidades que, quaisquer que sejam, serão sempre estranhas à forma, a que não competem finalidades dessa sorte. Assim se configuraram as venturas e desventuras, no curso dos séculos, de Giotto ou de Rafael, de Correggio ou de Brunelleschi, e as negações absolutas, bem como as exaltações absolutas que se alternaram no decorrer do tempo. Essas vicissitudes não são, por certo, indignas de história, mas são, sim, história e história da cultura, entendida como gosto atual, seleção interessada para certos fins e, portanto, em consonância com um dado pensamento.

Essa história será com certeza legítima e indiscutivelmente útil, e poderá ser campo de considerações preciosas para a leitura da própria forma, mas jamais será história da arte. Isso porque a história da arte é a história que se volta, ainda que na sucessão temporal das expressões artísticas, ao momento extratemporal do *tempo* que se encerra no ritmo; enquanto essa história do gosto, é história do *tempo temporal* que colhe no seu fluxo a obra de arte concluída e imutável.

No entanto, a confusão entre tempo extratemporal ou interno da obra de arte e tempo histórico do observador torna-se muito mais grave e danosa quando ocorre –

e quase sempre ocorre – com as obras da própria atualidade em que vivemos, para as quais parece legítima e impreterível a consubstancialidade em relação às aspirações, aos fins, à moralidade e à sociedade da época ou de certa fração dela, que se deve reconhecer legítima, mas não peremptória, só se sentida pelo artista como premissa para o ato de individuação simbólica do objeto. De qualquer modo, fora da esfera liminar do processo criativo, não se pode buscar nem exigir do artista moderno mais do que do antigo.

Mas, viu-se que o *tempo* se insere também em um segundo momento, que é representado pelo intervalo que se introduz entre o término do processo criativo, ou seja, da formulação concluída, e o momento em que a formulação irrompe na consciência atual do observador.

Esse lapso de tempo não pareceria, no entanto, poder entrar na consideração da obra como objeto estético, porque a obra de arte é imutável e invariável, a menos que traspasse para uma obra de arte diversa e, para tanto, o cômputo do tempo decorrido entre a sua conclusão e a sua nova atuação não incide, mas resvala na realidade da obra. Essa consideração poderia parecer irrefutável, mas não o é, porque não leva em conta a *fisicidade* de que a imagem precisa servir-se para atingir a consciência. A *fisicidade* pode ser mínima, e, no entanto, sempre subsiste, mesmo onde virtualmente desaparece. Objetar-se-á, por exemplo, que uma poesia, se lida com os olhos e não em voz alta, não necessita de meios físicos, porque a escritura é apenas um expediente convencional para indicar certos sons, e, portanto, em teoria, deveria ser possível a atualização como poesia também de uma série de signos de que se ignora a pronúncia e se conhece apenas o significado. Mas seria uma cavilação. A ignorância do som a que corresponde o signo não implica que o *som* seja supérfluo na concretude da imagem poética, que será tão reduzida na sua figuratividade quanto o que acontece com aquelas composições célebres da pintura antiga, de que se conhece a descrição, mas não a imagem.

A exigência do som subsiste e o som, ainda que não proferido, vive na imagem da língua, na sua totalidade, que todo ser falante possui potencialmente e realiza em si de modo progressivo. Ocorre que, nessa realização, mesmo tácita, tem grande importância o lapso de tempo decorrido entre o momento em que a poesia foi escrita, – e a língua se pronunciava de um certo modo – e o tempo em que a poesia é lida e não mais se pronunciará daquele mesmo modo, dado que só das línguas mortas, artificiosamente fixadas na pronúncia e no léxico, se pode dizer que são estáveis no tempo; e a rigor, nem mesmo elas, uma vez que a influência da pronúncia se produzirá até mesmo sobre elas, se bem que em menor medida. E a quem taxasse essas observações de excessiva sutileza, bastaria reconduzir à memória as fases da pronúncia do francês, fator pelo qual não recitamos a *Chanson de geste*[2], mas

---

2. Em francês no original. Refere-se à canção de gesta, poema épico medieval, cantado, feito para celebrar grandes feitos ou personagens, reais ou lendários. (N. da T.)

nem mesmo Pascal pronunciamos do modo de Pascal; ou o espanhol, em que o valor diverso do *jota* altera profundamente a leitura da prosa e da poesia seiscentista.

E, portanto, também para essas obras de arte, que pareceriam mais ao abrigo do tempo – as poesias –, o tempo passa e não tem incidência menor do que nas cores das pinturas ou nas tonalidades dos mármores.

Nem a música escapa. Os instrumentos antigos se modificaram de tal modo, no som e também no diapasão, que talvez nada seja mais aproximativo do que o som com que um órgão atual faz soar Bach, ou até mesmo um violino antigo, mas com cordas metálicas, faz soar Corelli ou Paganini.

Nesse sentido, apesar de a consideração do tempo intercorrente se colocar logo depois da iluminação do átimo que faz irromper na consciência a obra de arte, essa consideração não será apenas histórica, mas se integrará imprescindivelmente ao juízo que damos à obra, e o iluminará de modo com toda certeza não supérfluo ou marginal, assim como não é marginal ou supérfluo conhecer as variações e as flutuações de significado sofridas pela palavra nos séculos.

Chegando a esse ponto, seria possível também perguntar para que serviria esse exame para uma teoria da restauração: mas a resposta será imediata e evidente. Era necessário, com efeito, estabelecer os momentos que caracterizam a inserção da obra de arte no tempo histórico para poder definir em qual desses momentos podem ser produzidas as condições necessárias a essa particular intervenção a que se chama restauro, e em qual desses momentos é lícita tal intervenção.

Claro está que não se poderá falar de restauração durante o período que vai da constituição do objeto à formulação concluída. Se poderá parecer que seja um restauro, dado que a operação acontece sobre uma imagem por sua vez concluída, na realidade, tratar-se-á de uma refusão da imagem em uma outra imagem, de um ato sintético e criativo que desautoriza a primeira imagem e a sela em uma nova.

E tampouco faltará, nem sem dúvida faltou, quem quis inserir a restauração exatamente na zelosíssima e não repetível fase do processo artístico.

É a mais grave heresia da restauração: é a restauração fantasiosa.

Por mais que possa parecer igualmente absurdo, seria possível tentar fazer a restauração cair no lapso de tempo entre a conclusão da obra e o presente; e também isso foi feito e possui um nome. É o restauro de repristinação, que quer abolir aquele lapso de tempo.

Se então for recordado nesse ponto que a restauração chamada arqueológica, por mais que seja louvável pelo respeito, não realiza a aspiração fundamental da consciência em relação à obra de arte – ou seja, que é a de reconstituir a sua unidade potencial –, mas dela representa quando muito a primeira operação, em que forçosamente deverá parar o restauro quando as relíquias remanescentes daquilo que foi uma obra de arte não consentirem integrações plausíveis; ver-se-á que não será possível haver oscilações ou dúvidas sobre a via a escolher, dado que outras não existem além da indicada e das refutadas.

Não será, então, necessário insistir mais para afirmar que o único momento legítimo que se oferece para o ato da restauração é o do próprio presente da consciência observadora, em que a obra de arte está no átimo e é presente histórico, mas é também passado e, a custo, de outro modo, de não pertencer à consciência humana, está na história. A restauração, para representar uma operação legítima, não deverá presumir nem o tempo como reversível, nem a abolição da história. A ação de restauro, ademais, e pela mesma exigência que impõe o respeito da complexa historicidade que compete à obra de arte, não se deverá colocar como secreta e quase fora do tempo, mas deverá ser pontuada como evento histórico tal como o é, pelo fato de ser ato humano e de se inserir no processo de transmissão da obra de arte para o futuro. Na atuação prática, essa exigência histórica deverá traduzir-se não apenas na diferença das zonas integradas, já explicitada quando se tratou do restabelecimento da unidade potencial, mas também no respeito pela pátina, que pode ser concebida como o próprio sedimentar-se do tempo sobre a obra, e na conservação das amostras do estado precedente à restauração e ainda das partes não coevas, que representam a própria translação da obra no tempo. Naturalmente, para esta última exigência, pode-se apenas dar o enunciado geral, porque é oportunidade a avaliar caso a caso, jamais a despeito da instância estética, à qual se dá sempre a precedência.

No que concerne à pátina, apesar de ser questão a ser examinada e resolvida na prática de vez em vez, exige-se, no entanto, uma impostação teórica que a tire, como ponto capital para a restauração e a conservação das obras de arte, do domínio do gosto e do opinável.

5. A Restauração Segundo a Instância da Historicidade

Com os capítulos que precedem, a teoria fundamental da restauração já está delineada.

Mas entre explicitar os princípios que devem reger a restauração e a intervenção efetiva de restauro, falta ainda colmar um intervalo que corresponde àquele que, juridicamente, representa o regulamento. Isto é, estando claro que, seja pelo próprio conceito de obra de arte como um *unicum*, seja pela singularidade não repetível da vicissitude histórica, todo caso de restauração será um caso à parte e não um elemento de uma série paritária; será possível, no entanto, delimitar alguns vastos agrupamentos de obras de arte, exatamente com base no sistema de referência pelo qual uma obra de arte é uma obra de arte, como monumento histórico e como forma.

Na passagem da norma para a aplicação, esses agrupamentos devem servir como ponto de referência, do mesmo modo que o instrumento para a atuação da norma jurídica é dado pelo regulamento. Além do mais, esses pontos de referência reagruparão um número indefinido de casos singulares baseados em características o mais generalizadas possível, e servirão não mais como norma, mas como subsídio hermenêutico à aplicação da verdadeira norma. Nesse sentido, é necessário iniciar a exposição partindo da instância histórica relativa à obra de arte como objeto suscetível de restauração.

Uma vez que, se a obra de arte é em primeiro lugar uma resultante do fazer humano e, como tal, não deve depender para o seu reconhecimento das alternativas de um gosto ou de uma moda, impõe-se, no entanto, uma prioridade da consideração histórica com respeito àquela estética. Na qualidade de monumento histórico, deveremos, pois, iniciar a consideração exatamente do limite extremo, ou seja, daquele em que o selo formal impresso na matéria possa estar prestes a desaparecer e o próprio monumento, quase reduzido a um resíduo da matéria de que foi composto. Devemos, isto é, examinar as modalidades da conservação da ruína.

No entanto, erraria quem acreditasse que da efetiva realidade da ruína pudessem ser extraídas as leis da sua conservação, dado que, com a ruína, não se define uma mera realidade empírica, mas se enuncia uma qualificação que compete a algo que deva ser pensado de modo simultâneo sob o ângulo da história e da conservação; ou seja, não apenas e limitadamente na sua consistência presente, mas no seu passado – de que traz o seu único valor, sendo a sua presença atual, em si, desprovida de, ou com, escassíssimo valor – e no futuro, para o qual deve ser assegurada, como vestígio ou testemunho de obra humana e ponto de partida do ato de conservação. Donde só se poderá chamar de ruína algo que testemunhe um tempo humano, mesmo que não seja exclusivamente relativo a uma forma perdida e recebida pela atividade humana. Nesse sentido, não se poderia chamar de ruína o carvão fóssil, como resíduo de uma floresta pré-humana, ou o esqueleto de um animal antediluviano, mas o será o carvalho seco sob cuja sombra esteve Tasso, ou, se ainda existisse, e existisse consumida, a pedra com a qual Davi matou Golias. Ruína será, pois, tudo aquilo que é testemunho da história humana, mas com um aspecto bastante diverso e quase irreconhecível em relação àquele de que se revestia antes. Com tudo isso, essa definição, no passado e no presente, seria falha se a particular modalidade da existência, que na ruína se vê individuada, não se projetasse no futuro com a dedução implícita da conservação e da transmissão desse testemunho histórico. Disso resulta que a obra de arte, reduzida ao estado de ruína, depende maximamente para a sua conservação, como ruína, do juízo histórico que a envolve; donde a sua equiparação, no plano prático, aos produtos da atividade humana que não foram arte, mas que, mesmo na sua atual ineficiência, mantêm, no entanto, pelo menos uma parte de seu potencial histórico, que na obra de arte, com a destruição dos vestígios estéticos, aparece, ao contrário, como o resultado de uma desclassificação. Por isso, a restauração, quando voltada para a ruína, só pode ser a consolidação e conservação do *status quo*, ou a ruína não era uma ruína, mas uma obra que ainda continha uma vitalidade implícita para promover uma reintegração da unidade potencial originária. O reconhecimento da qualificação de ruína se relaciona, então, com aquele primeiro grau de restauração que se pode individuar na restauração preventiva, ou seja, mera conservação, salvaguarda do *status quo*, e representa um reconhecimento que de forma implícita exclui a possibilidade de outra intervenção direta a não ser a vigilância conservativa e a consolidação da matéria, de modo que na qualificação de ruína já se exprime o juízo de equiparação entre a ruína da obra de arte e a ruína apenas histórica, logicamente parelhas.

Além da intervenção direta, assim delimitada, existe, então, uma intervenção indireta que concerne ao espaço-ambiente da ruína e que, para a arquitetura, se torna problema urbanístico; para a pintura e a escultura, problema de apresentar e de ambientar. Mas uma vez que isso interessa ao "espaço" da obra de arte, será objeto de uma sucessiva abordagem. Nada disso é óbvio, dado que é tenaz e recorrente a ilusão de poder fazer a ruína retomar a forma.

Não basta *saber* como, mesmo se com a mais vasta e minuciosa documentação, a obra era antes de se tornar uma ruína. A reconstrução, a repristinação, a cópia não podem nem mesmo ser tratadas como tema de restauração, de que naturalmente exorbitam para entrar tão só no campo da legitimidade ou não da reprodução a cru dos procedimentos da formulação da obra de arte.

Daquilo que precede resulta que, se é fácil estender à ruína de um monumento histórico o mesmo respeito que à ruína de uma obra de arte, na medida em que esse respeito se voltará apenas para a conservação e a consolidação da matéria, não é, ao contrário, fácil definir quando, na obra de arte, cessa a obra de arte e aparece a ruína. No caso da Igreja de Santa Clara em Nápoles, bombardeada e incendiada na última guerra, pelo fato de terem reaparecido os vestígios da Igreja gótica angevina, parecia ter sobrado mais do que uma ruína; mas, justamente porque pareciam conspícuos os vestígios reaparecidos, o problema deveria ter sido colocado sob o ângulo que veremos na sucessiva dedução do conceito de ruína pela instância artística. Sob esse aspecto o problema deveria ser considerado, e o consideraremos: se a evocação do anterior estado da Igreja teria sido mais eficaz com a conservação sob a forma de ruína histórica do que com a repristinação. Pela dúplice instância da historicidade e da artisticidade, não é necessário forçar o restabelecimento da unidade potencial da obra até o ponto de destruir a autenticidade, ou seja, sobrepor uma nova realidade histórica inautêntica, de todo prevalente, sobre a antiga.

Pelo momento, devemo-nos limitar a aceitar na ruína o resíduo de um monumento histórico ou artístico que só pode permanecer aquilo que é, caso em que a restauração não poderá consistir de outra coisa a não ser na sua conservação, com os procedimentos técnicos que exige. A legitimidade da conservação da ruína está, pois, no juízo histórico que dela se faz, como testemunho mutilado, porém ainda reconhecível, de uma obra e de um evento humano.

Com a ruína, portanto, iniciamos também o exame da obra de arte para os fins da restauração, do primeiríssimo grau além do qual a matéria que já conformou a obra de arte voltou a ser matéria bruta. Esse é, portanto, também o primeiríssimo grau da restauração que, devendo prospectar a obra de arte, não mais no traspassar da sua fabulação interior até se exteriorizar, mas como já exteriorizada e no mundo, deve começar exatamente onde a obra de arte acaba, ou seja, naquele momento-limite (e é limite tanto no espaço quanto no tempo) em que a obra de arte, reduzida a poucos vestígios de si mesma, está prestes a recair no disforme.

No entanto, o caso da ruína não é o único a colocar no mesmo plano da conservação da obra de arte também alguma coisa que obra de arte não é, e tampouco representa um produto do fazer humano. De fato, há o caso das chamadas belezas naturais que, apesar de merecerem um exame à parte, dada a riquíssima casuística que apresentam, merecem desde já ser arroladas entre aqueles casos em que a restauração, como restauração preventiva e como intervenção conservativa, deve ser estendida também àquilo que não é produto direto do fazer humano, mas cuja consideração, no campo do juízo, deriva de uma assimilação com a obra de arte. O respeito por uma vista, a salvaguarda de um panorama, a integridade de certos aspectos naturais ligados a uma determinada cultura (bosque, prado, cultivos alternados), requisitada sob base analógica de uma aspiração à forma, intencionada nesses aspectos naturais por uma particular consciência histórica e individual, constituem outros casos de devida extensão do conceito de restauração preventiva e de conservação a algo que subsiste de fato, cujo aspecto não é fruto (ou o é apenas de modo parcial) do fazer humano.

Claro está que essa exigência de conservação, como não derroga a instância estética, tampouco derroga a instância histórica, porque aquilo que se quer conservar e preservar não é um pedaço de natureza em si e por si, mas aquele pedaço de natureza – que sofreu ou não modificações humanas – como é visto, ou seja, proposto, isolado do contexto, e intencionado como aspiração à forma da consciência humana. Donde só existirá designação dessa espécie quando estiver relacionada a uma especial fase da cultura humana. Assim como até o tempo de Madame de Staël era considerada horrível a paisagem montesa da Suíça, também o campo romano na sua desolada vastidão não teve fautores antes do Romantismo que se "classicizava", enquanto no tempo da verdadeira paisagem clássica romana, de Poussin ao primeiro Corot, o belo do campo romano foram as singulares arborizações, e os montes, e o ar vastíssimo e profundo, os lagos imóveis, as ruínas dos aquedutos e os templos.

Por isso, a conservação desses aspectos deve ser feita em consideração à instância histórica mais do que em relação a uma valoração atual deles próprios e, se instância existe, refere-se não a uma atualidade, mas a uma fase histórica do gosto: donde decorre ser necessário, neste ponto, falar disso.

Continuando agora o exame segundo a instância da historicidade, apresenta-se, em primeiro lugar, tornando ao próprio âmbito das obras de arte, o duplo problema da conservação ou da remoção das adições e, em segundo lugar, o da conservação ou da remoção dos refazimentos. E se poderá parecer que, remontando da obra de arte reduzida a ruína à obra de arte que sofreu adições ou refazimentos, seja impossível manter-se de modo rígido apenas sob a instância histórica, advertimos que não tencionamos, de modo algum, resolver o mesmo problema de duas maneiras, mas somente examinar a legitimidade ou não da conservação ou da remoção das adições e dos refazimentos, do ponto de vista histórico, ver até que ponto valem a razão histórica e a razão estética, e buscar pelo menos uma linha sobre a qual conciliar a eventual discrepância.

Colocando-nos o problema da legitimidade da conservação ou da remoção, já superamos, evidentemente, o obstáculo de quem acreditasse poder fundamentar a legitimidade da conservação só sobre o valor de testemunho histórico: pois se assim o fosse, seria também necessário respeitar incondicionalmente a intervenção bárbara do vândalo, e a integração de arte, e não de restauro, que uma obra tenha recebido no curso dos séculos. Nem se deve excluir que uma e outra possam ser respeitadas. Mas como a obra de arte se apresenta com a bipolaridade da historicidade e da esteticidade, a conservação e a remoção não poderão ser feitas nem a despeito de uma, nem no desconhecimento da outra. Por isso, sob a instância histórica, devemos propor em primeiro lugar o problema de se é legítimo conservar ou remover a eventual adição que uma obra de arte tenha recebido: se, em outras palavras, independentemente do fato de o juízo estético poder ser positivo apenas conservando ou removendo a adição, é legítimo conservar ou remover a adição tão só do ponto de vista histórico. O que leva, antes de mais nada, a indagar, sob esse ângulo, o conceito de adição. Do ponto de vista histórico a adição sofrida por uma obra de arte é um novo testemunho do fazer humano e, portanto, da história: nesse sentido a adição não difere da cepa originária e tem os mesmos direitos de ser conservada. A remoção, ao contrário, apesar de também resultar de um ato e por isso inserir-se igualmente na história, na realidade destrói um documento e não documenta a si própria, donde levaria à negação e destruição de uma passagem histórica e à falsificação do dado. Disso deriva que, do ponto de vista histórico, é apenas incondicionalmente legítima a conservação da adição, enquanto a remoção deve sempre ser justificada e, em todo caso, deve ser feita de modo a deixar traços de si mesma e na própria obra.

Disso decorre que a conservação da adição deve ser considerada regular; excepcional, a remoção. Totalmente o contrário daquilo que o empirismo oitocentista aconselhava para as restaurações.

Seria possível, no entanto, objetar que existe uma adição que não representa *necessariamente* o produto de um fazer, ou seja, aquela alteração ou aquela sobreposição conhecida sob o nome de pátina. Foi dito *não necessariamente* porque é indubitável que o artista pode também ter contado com um certo *acomodamento* que o tempo produziria na matéria das cores, do mármore, do bronze, das pedras: nesse caso é ponto pacífico que a conservação, e a eventual integração da pátina, está ligada de forma intrínseca ao respeito da unidade potencial da obra de arte que a restauração propõe a si própria.

Mas devemos prospectar também o caso das obras de arte para as quais o artista não tenha *necessariamente* previsto o envelhecimento como um modo de concluir-se no tempo da sua obra, um completamento à distância. Embora o problema seja aqui colocado, não pode ser resolvido integralmente na sede histórica, dado que a instância estética é prevalente. No entanto, do ponto de vista histórico, devemos reconhecer que é um modo de falsificar a história se se privam os testemunhos históricos, por assim dizer, da sua antiguidade; se, em outras palavras, força-se a *matéria* a readquirir um frescor, um corte preciso, uma evidência tal que contradiz a antiguidade que testemunha. Um privilégio qualquer da matéria sobre a atividade do homem que a plasmou não pode ser admitido pela consciência histórica, já que a obra vale pela atividade humana que a plasmou e não pelo valor intrínseco da matéria, de modo que até o ouro e as pedras preciosas recebem novo valor através da obra humana que delas se serve. Do ponto de vista histórico, portanto, a conservação da pátina, como aquele particular ofuscamento que a novidade da matéria recebe através do tempo e é, portanto, testemunho do tempo transcorrido, não apenas é admissível, mas é requerida de modo taxativo.

Será possível pensar que o problema não muda muito para os refazimentos. Também um refazimento testemunha a intervenção humana, e também ao refazimento deve ser dado um lugar na história. Mas um refazimento não é o mesmo que uma adição. A adição pode *completar*, ou pode desenvolver, sobretudo na arquitetura, funções diversas das iniciais; na adição, não se recalca, antes, se desenvolve ou se enxerta. O refazimento, ao contrário, pretende replasmar a obra, intervir no processo criativo de maneira análoga ao modo como se desenrolou o processo criativo originário, refundir o velho e o novo de modo a não distingui-los e a abolir ou reduzir ao mínimo o intervalo de tempo que aparta os dois momentos. A diferença é então estridente.

A explícita ou implícita pretensão do refazimento é sempre abolir um lapso de tempo, seja porque a intervenção posterior, em que consiste o refazimento, queira fazer-se assimilar ao mesmo tempo que a obra nasceu, seja porque, ao contrário, queira refundir por completo na atualização do refazimento também o tempo precedente. Temos então, para a instância histórica, dois casos de todo opostos: ou seja, enquanto o primeiro caso, aquele em que a última intervenção quer ser antedatada, representa um falso histórico e não pode jamais ser admissível, o segundo caso, aquele em que o refazimento quer absorver e transvasar sem resíduos a obra preexistente, *apesar de não entrar no campo da restauração*, pode ser perfeitamente legítimo também do ponto de vista histórico, porque é sempre testemunho autêntico do presente de um fazer humano, e, como tal, monumento não dúbio de história.

Se então, voltarmo-nos à alternativa da conservação ou da remoção, sob o ponto de vista histórico, acharemos certo que um monumento seja reconduzido, quando possível, àquele estado imperfeito em que, durante o processo histórico fora deixado e que desconsideradas repristinações haviam completado; enquanto deverá ser sempre respeitada a *nova* unidade que, independentemente da veleidade de repristinações, tenha sido alcançada na obra de arte com uma refusão que, quanto mais concernir à arte, mais será também matéria de história e testemunho não dúbio.

E por isso, a adição será ainda pior quanto mais se aproximar do refazimento, e o refazimento será ainda mais consentido quanto mais se afastar da adição e visar a constituir uma nova unidade sobre a antiga.

Será possível observar, no entanto, que por mais que sejam péssimos, também os refazimentos documentam, nem que seja um erro da atividade humana, mas sempre fazem parte, nem que seja como erros, da história humana: donde não deveriam ser retirados ou removidos, no máximo isolados. E em si a instância pareceria historicamente irrepreensível, se não se determinasse na realidade uma convicção de inautenticidade, de falso, para toda a obra, em que é posta em discussão a própria veracidade do monumento como monumento histórico: o que não pode ser consentido em termos de crítica filológica. Além disso, uma instância similar, de conservação integral para todos os estados através dos quais a obra passou, não deve transgredir a instância estética. É sob esse ângulo que se examinará o problema na explanação que sucede.

6. A Restauração Segundo a Instância Estética[1]

Viu-se que *ruína* não é qualquer resíduo material e tampouco qualquer remanescente de um produto da ação humana, mas que a designação técnica de *ruína*, para os fins da restauração, traz em si implicitamente o reconhecimento e a exigência de um ato a ser desenvolvido para a sua conservação. Esse conceito técnico de *ruína* foi por nós explicitado no que concerne à *historicidade*, como o ponto mais remoto a que poderíamos remontar, no raio de ação do restauro, em relação àquilo que se revelasse de atualização humana. No que tange ao nosso assunto, só poderia ser preposto como primeira prerrogativa que esse remanescente ligado à atividade humana tivesse sido

1. *Bollettino dell'Istituto Centrale del Restauro*, 1953, n. 13, pp. 1-8.

também uma obra de arte. Sob essa segunda instância devemos ainda examiná-lo. Mas, assim proposta, tal indagação parece supérflua, já que a rigor de lógica pareceria que, enquanto vestígios de artisticidade permanecerem em um produto da atividade humana, por mais que este esteja mutilado, não se deve falar de ruína e que, vice-versa, se aqueles vestígios estão de fato perdidos, não pode mais tratar-se de artisticidade, mas apenas de historicidade: por isso a questão da *ruína*, do ponto de vista estético, não poder ser colocada sem uma contradição intrínseca. Rebatamos prontamente que tal rigor seria extremo porque do ponto de vista estético não somos constrangidos a definir a *área* conceitual da *ruína* com o mesmo critério do ponto de vista histórico, pelo fato de, para nós, ser esteticamente uma *ruína* qualquer remanescente de obra de arte que não pode ser reconduzido à unidade potencial, sem que a obra se torne uma cópia ou um falso de si própria. E aqui seria também absurdo requerer uma aproximação maior porque, pelo fato de todo caso ser único e individual, como para a obra de arte, não se pode pensar em converter um juízo de qualidade em quantidade e aspirar, desse modo, à certeza matemático-empírica da tábua pitagórica.

Entre os exemplos mais típicos de ruínas que não podem ser integradas, mas que possivelmente *devam* ser conservadas, vejam-se: as esculturas do Palácio Bevilacqua e da Madona de Galliera em Bolonha; a Vênus Marinha do Museu de Rodes; os afrescos do Hospital do Ceppo de Prato, os afrescos de Sodoma e de Sassetta e

Sano di Pietro em Porta Romana e em Porta Pispini, em Siena; os afrescos da Loggetta del Bigallo em Florença etc. Mas o conceito de *ruína* do ponto de vista artístico apresenta complicações que não podem ser desconsideradas, ou seja, contempla a eventualidade de que a ruína se integre a um determinado complexo, monumental ou paisagístico, ou determine o caráter de uma zona. Isso, que pode parecer mera exceção empírica e ocasional, na realidade não o é, dado que à delimitação negativa do conceito de *ruína* como remanescente de obra de arte que não pode ser reconduzida à unidade potencial, contrapõe-se a determinação positiva de remanescente de obra de arte que, sem poder ser reconduzida à unidade potencial, se associe a outra obra de arte, de que recebe e em que impõe uma particular qualificação espacial, ou faz adequar para si uma dada zona paisagística. A delimitação da eficiência da *ruína*, nesse sentido, pode ser muito importante porque se, sob o aspecto negativo, o ato a desenvolver para a sua conservação é o mesmo – ou seja, estritamente conservativo, assim como para a instância histórica –, quando a ruína não for mais apenas um resíduo, mas se ligar com uma qualificação positiva, poderia surgir o quesito de que se, em tal caso, não deva prevalecer a sua mais recente associação e consequencialmente, pelo fato de qualificar um espaço natural, não deva prevalecer essa qualificação sobre o respeito do remanescente como ruína.

Vejam-se, então, os casos do Arco de Augusto em Rímini, que ainda estava inserido entre as duas torres, como porta da cidade e, portanto, ligado ao complexo edificado que surgiu sobre as muralhas, o caso do Foro de Trajano, com os acréscimos do Hospício dos Cavaleiros de Rodes, a ruína do Clementino, o Templo da Sibila em Tívoli, a Casa dos Crescenzi na Via del Mare, o Templo descoberto na Via delle Botteghe Oscure, as escavações do Argentina etc.[2]

Ocorre que a ligação da ruína a outro complexo, sem ou com solução de continuidade, é fato que não desloca os termos da conservação *in vita*, como e aonde permanece, sem completamentos de nenhuma espécie. Quando se tratar de uma obra de arte em que a ruína foi reabsorvida, é então a segunda obra de arte que tem o direito de prevalecer. Assim, *não* se devia repristinar a polífore medieval no centro do Palácio maneirista da Praça dos Cavaleiros em Pisa; a ruína da *Muda* estava incorporada no Palácio quinhentista e tinha, então, apenas uma fraca voz histórica para a qual era suficiente uma lápide, nada mais acrescentando à mirífica realidade pura do Canto do Conde Ugolino[3], a falsa polífore pisana

---

2. Com exceção do Arco de Augusto, em Rímini e do Templo da Sibila, em Tívoli, todos os outros exemplos citados no parágrafo localizam-se em Roma. O "Clementino" a que se refere Brandi é o colégio fundado por Clemente VIII em 1593, substituído por novo edifício, que se volta para a Praça Nicosia, em 1936. O "Argentina" é o Largo Argentina, em que se situa a área sacra do Argentina, complexo de época republicana, com construções entre o início do século III a.C. e o final do século II a.C. Foi evidenciado após a demolição de um quarteirão efetuada entre 1926 e 1929, e a sistematização da área data do início dos anos 1930. (N. da T.)
3. Brandi refere-se a um canto da *Divina Comédia* de Dante (Inferno, canto XXXIII) em que o conde Ugolino narra o seu triste fim: tendo sido preso

que o restaurador reabriu e completou de modo fantasioso. Diverso em aparência, mas idêntico em substância, o problema da conservação da chamada *casa de Cola di Rienzo* ou *dos Crescenzi* na Via del Mare, em que devia ser historicamente respeitada a *ligação* com outros e sucessivos edifícios, mas não *substituída* com uma nova, de todo arbitrária e fortuita, que sufocou a ruína, destruiu a área espacial que lhe pertencia, sem conseguir atraí-la na sua própria, em que repugna como uma pústula ou uma indevida secreção. Nesse caso deveria conservar-se não apenas a ruína do monumento, mas o âmbito que era a ela conexo e que era, pela ruína, *qualificado*. Igual o caso da ruína do Clementino, deixada como um inútil obstáculo nas margens do Tibre, que a *expele*, sem conseguir ignorá-la.

Mas se, ao contrário, reconhecendo a importância que assume a ruína na possibilidade de atrair para si e individuar o ambiente circunvizinho, um pouco como o acento tônico que sustenta as sílabas átonas da palavra, se pensasse que, quanto mais isso sucedesse, se a obra, que agora vale muito mais por essa *sustentação* da sintaxe paisagística e urbanística do que pela sua atual consistência, pudesse ser *completada*, redimida, pois, de sua condição de ruína, também essa hipótese deveria ser rejeitada e contradita. Porque a obra de arte reduzida a *ruína*, pelo fato de qualificar uma paisagem ou uma

---

com dois filhos e dois netos, por iniciativa do Arcebispo Ruggieri, na *Muda* (como era conhecido o cárcere situado na torre), acabaram por morrer de fome. (N. da T.)

zona urbana, completa então essa obra na consciência de quem nela reconhece a sua validade, de quem, em outras palavras, a reconhece ativa nesse sentido, que não é de modo algum ligada à sua primitiva *unidade* e inteireza, mas é, sim, conexa à sua mutilação atual. Nessa sua mutilação, a obra determina uma resolução ambiental no plano pictórico, ou seja, não no plano de rigor da obra de arte, mas naquele que se endereça a uma certa proposição do objeto disposto, iluminado, artificiado segundo um particular endereço formal. A obra de arte mutilada redescende, por isso, a objeto constituído, mas constituído por meio real da sua hodierna consistência mutilada e da sua presença simultânea com outros objetos. Foram assim compreendidas e utilizadas as ruínas romanas na jardinagem e na paisagem do Seiscentos em diante e até o limiar do nosso tempo. O Templo de Castor e Pólux no Fórum, o Templo da Sibila em Tívoli são os dois casos típicos de monumentos que adquiriram uma *facies* indissolúvel, na sua mutilação, daquilo que é o ambiente paisagístico a eles conexo. É por isso um erro crer que toda coluna despedaçada possa ser reerguida e recomposta de modo legítimo quando, ao contrário, o ambiente onde isso deveria acontecer já atingiu, historicamente e esteticamente, uma acomodação que não deve ser destruída nem para a história nem para a arte. Assim, é sempre um erro a sistematização arqueológica de zonas de Roma que a estratificação das épocas havia acomodado de modo a integrar a ruína na espacialidade de uma obra e não naquele espaço abstrato, no *vazio* que se cria balordamente em torno de um monumento. E com tudo isso, e transcurando uma miríade de outros exemplos, podemos tão só reforçar o conceito de que a *ruína*, também para a instância estética, deve ser tratada como *ruína* e a ação a conduzir deve permanecer *conservativa* e não *integrativa*. Vê-se que também sobre esse ponto a instância histórica ou a instância estética coincidem na hermenêutica da obra a ser empreendida sob forma de restauração.

Trata-se agora de repropor o problema da conservação e da remoção das adições, tendo-se presente, nesse ponto, que não se trata apenas de uma ruína, mas que pode tratar-se, e tratar-se-á o mais das vezes, de adições feitas sobre obras de arte que poderiam reencontrar a unidade originária e não apenas aquela potencial, se as adições fossem, onde possível, removidas. Percebemos então que, sob esse ângulo do problema, do ponto de vista da Estética, a importância se revira em relação à instância histórica, que colocava em primeiro lugar a conservação dos acréscimos. Para a instância que nasce da artisticidade da obra de arte, o acréscimo reclama a remoção. Perfila-se, portanto, a possibilidade de um conflito com as exigências conservativas colocadas pela instância histórica. Semelhante conflito pode, naturalmente, apenas ser esquematizado em sede teórica, sendo essa uma contenda a mais individual e, por assim dizer, não repetível, que possa existir. Mas a resolução não pode ser justificada como advinda *de autoridade*: deve ser a instância que tem maior peso a sugeri-la. E como a essência da obra de arte deve ser vista no fato de constituir uma obra de arte e só em uma segunda instância no fato histórico que individua, é claro que se a adição deturpa, desnatura, ofusca, subtrai parcialmente à vista a obra de arte, essa adição deve ser removida e se deverá ter o cuidado apenas, se possível, com a conservação à parte, com a documentação e com a recordação da passagem histórica que, desse modo, é removida e cancelada do corpo vivo da obra. Desse modo, devem ser removidas incondicionalmente as coroas colocadas sobre a cabeça das Sacras imagens; e é esse o caso talvez mais típico e mais simples da remoção das adições.

Mas o problema não se apresentará sempre assim, simples e óbvio. Veja-se, por exemplo, o caso do *Vulto Santo*[4]: deveria ser conservado ou removido o saiote, a pantufa, a coroa? Contrariamente àquilo que se poderia pensar, em uma dedução mecânica, seria de fato a augurar a remoção daqueles elementos posteriores; mas seremos avessos a isso. Qualquer que seja a apreciação que se possa fazer do *Vulto Santo*, na condição de escultura românica, é certo que se trata de uma obra cuja transmissão secular ocorreu com a iconografia acrescida que ainda conserva e, como tal, reproduzida em toda uma série de esculturas, de pinturas ou de incisões, daquela, por exemplo, do Batistério de Parma, aos afrescos de

---

4. Escultura românica de um Cristo na Cruz que está na Catedral de Lucca. (N. da T.)

Aspertini etc., etc. Reconduzir a obra à sua integridade originária significaria substitui-la *ex novo* nessa ininterrupta série histórica que a documenta. Parece-nos que o valor de obra de arte não seja assim tão prevalente, no *Vulto Santo*, de modo a poder cancelar a importância do seu aspecto *histórico*, e por isso seremos da opinião de manter nele esse aspecto documentário que conserva e que por si só é relíquia histórica importantíssima, além do valor intrínseco dos objetos acrescentados. É, em suma, sempre um juízo de valor que determina a prevalência de uma ou de outra instância na conservação ou na remoção das adições.

Mas com isso não se exauriu o problema da conservação das adições, dado que mais uma vez devemos examinar a legitimidade ou não da conservação da *pátina* do ponto de vista estético. Vimos que, historicamente, a *pátina* documenta a própria passagem da obra de arte no tempo e portanto deve ser conservada. Mas para a Estética é também legítima a conservação? Deve-se sublinhar que, nessa sede, deve-se poder deduzir tal legitimidade de modo absoluto, isto é, independente do fato de que o autor possa ou não ter contado com esse estrato quase palpável que o tempo teria depositado sobre a sua obra. A legitimidade da conservação, nesse caso, não é o paradigma da conservação da pátina, mas apenas um caso reforçado, por assim dizer, da própria conservação, assim como o é o silogismo couraçado[5] em relação ao simples

---

5. Brandi usa a palavra *catafratto*, que significa munido de armadura, encouraçado. A palavra deriva do latim *cataphractu(m)*, vinda do grego,

silogismo. E se insiste sobre isso porque, como foi dito, se a pátina se deve configurar como uma *adição*, para a instância estética a adição deveria ser em geral removida, e somente de vez em vez se fazer a composição com o procedimento conservativo oposto, requerido pela instância histórica. Por isso a legitimidade da conservação da pátina deve poder ser atingida independentemente da composição das duas instâncias no caso singular. A chave do problema será então dada pela matéria de que é feita a obra de arte, ou seja, dado que a transmissão da imagem formulada advém por meio da matéria, posto que o papel da matéria é ser *transmissora*, a matéria não deverá jamais ter a precedência sobre a imagem, no sentido em que deve desaparecer como matéria para valer apenas como imagem. Se então a matéria se impuser com tal frescor e irrupção a ponto de primar, por assim dizer, sobre a imagem, a realidade pura da imagem ficará perturbada. Por isso, a pátina, do ponto de vista estético, é aquela imperceptível surdina colocada na matéria que é constrangida a manter uma posição mais modesta no cerne da imagem. E é esse papel que então dará a medida prática do *ponto* a que deverá ser conduzida a *pátina*, do equilíbrio a que *deverá* ser reconduzida. Com isso, como se vê, deduzimos a necessidade da conservação

katáphraktos, protegido por abrigo, envolto por proteção, por fileira cerrada de lanças. Na edição francesa, *Théorie de la restauration* (Paris, Ecole National du Patrimoine, 2001), a tradutora Colette Déroche através de consultas com Emilio Garroni, informa que o termo deve ter sido criado por Brandi e não corresponde a categorias de silogismo utilizadas na Antiguidade ou pela Escolástica (ver pp.71-72). (N. da T.)

da pátina, na sede estética, não mais a partir de uma pressuposição histórica ou de um simples critério de prudência, mas do próprio conceito da obra de arte, de modo que não poderá ser contradita a não ser por uma subversão do conceito da arte, pela qual se demonstrasse que a matéria deve primar sobre a imagem. Mas, se assim fosse, a suma arte seria a ourivesaria[6].

Falta só, então, examinar o problema da conservação no que se refere ao refazimento. Também aqui, do

6. Sobre a conservação ou a remoção da pátina, que às vezes se coloca da mesma maneira em relação à conservação ou remoção dos vernizes, travou-se uma longa batalha, que ainda se esconde sob as cinzas e é atestada pelos dois ensaios publicados em Apêndice. Neste ponto é bom, todavia, fazer referência a um inesperado testemunho, de base psicológica mais do que de gosto, prudentemente contrária às limpezas integrais: pelo fato de vir da Inglaterra, bastião da remoção da pátina como método de limpeza, é particularmente significativa. E. H. Gombrich, *Art and illusion*, New York, Pantheon Books, 1960, pp. 54-55 [N. da T. Cita-se da tradução brasileira feita por Raul de Sá Barbosa: E. H. Gombrich, *Arte e Ilusão: Um Estudo da Psicologia da Representação Pictórica*, São Paulo, Martins Fontes, 1986, p. 47]:

"[...] A National Gallery de Londres tornou-se agora o foco de discussão sobre o grau de ajustamento que estamos preparados a admitir quando contemplamos quadros antigos.

Aventuro-me a pensar que essa questão seja com frequência apresentada como um conflito entre os métodos objetivos da ciência e as impressões subjetivas de artistas e críticos. A validade objetiva dos métodos empregados nos laboratórios das nossas principais galerias está tão pouco em discussão quanto a boa-fé daqueles que os aplicam. Pode-se muito bem objetar, no entanto, que os restauradores, na sua função responsável e difícil, deveriam levar em conta não só a composição química dos pigmentos mas também a psicologia da percepção – a nossa e a das galinhas. O que queremos deles não é que restaurem pigmentos individuais à sua cor antiga, mas algo infinitamente mais delicado e ardiloso – preservar as relações. É, sobretudo, a impressão da luz, como sabemos, que depende exclusivamente de gradientes e não, como se poderia esperar, da vividez objetiva das cores."

ponto de vista estético, é claro que a solução a ser dada ao problema depende, antes de tudo, do juízo que se tem do refazimento: no caso em que indique o alcançar de uma nova unidade artística, o refazimento deverá ser conservado. Mas pode suceder que o refazimento – seja ele uma condenável repristinação ou uma nova adaptação – não possa ser retirado, por ter levado à destruição parcial de alguns aspectos do monumento que teriam permitido ou a sua conservação como ruína, ou a integração na sua unidade potencial. Nesse caso, o refazimento deverá ser conservado, mesmo se prejudicial ao monumento.

O refazimento do Campanário de São Marcos (Veneza), que é antes uma *cópia* do que um refazimento, mas funciona como refazimento para o ambiente urbano que completava, repropõe o problema da legitimidade da *cópia* colocada no lugar do original, retirado para uma melhor conservação ou desaparecido. Ora, nem na sede histórica, nem na sede estética se pode conseguir legitimar a substituição com uma cópia, a não ser quando a obra de arte substituída tem mera função integrativa de elemento, e não vale por si só. A cópia é um falso histórico e um falso estético e por isso pode ter uma justificação puramente didática e rememorativa, mas não se pode substituir sem dano histórico e estético ao original. No caso do Campanário de São Marcos, aquilo que importava era um elemento vertical na Praça; a reprodução exata não era requerida a não ser pelo sentimentalismo bairrista, é o caso de dizê-lo. Do mesmo modo para a

Ponte Santa Trindade (Florença), para a qual se deveria tentar, a qualquer custo, a restauração e a anastilose, mas não a substituição brutal com uma cópia. E isso é ainda mais grave porque se o Campanário de São Marcos representava apenas uma obra ajustada com o tempo, a Ponte Santa Trindade era uma grandíssima obra de arte, e assim sendo o *falso* que se concretizou é ainda mais delituoso.

O *adágio* nostálgico "Como era, onde estava" é a negação do próprio princípio da restauração, é uma ofensa à história e um ultraje à Estética, colocando o tempo como reversível e a obra de arte como reproduzível à vontade.

7. O Espaço da Obra de Arte

Dado que a restauração é função da própria atualização da obra de arte na consciência de quem a reconhece como tal, seria possível crer erroneamente que essa atualização pudesse ser uma fulguração confinada no átimo. Em tal caso, haveria um duplo erro, porque apesar de a fulguração da obra de arte acontecer no tempo histórico de uma consciência, a duração dessa fulguração não é subdivisível como o tempo histórico em que se insere. Ou seja, para realizar-se plenamente na consciência, uma obra de arte pode empregar, se não anos luz, por certo alguns anos, durante os quais serão reunidos e precisados todos aqueles elementos que deverão servir para explicitar seja o valor semântico da imagem, seja a figuratividade peculiar desta. É nesse elaborar e coacervar de dados que incide, de modo efetivo, a restauração como a própria atualização da obra de arte: e é natural, então, que se devam reconhecer duas fases. A primeira é a reconstituição do texto autêntico da obra; a segunda é a intervenção sobre a matéria de que a obra se compõe. Mas a divisão dessas duas fases não corresponde a uma taxativa sucessão no tempo, dado que à reconstituição do texto autêntico da obra, deverá ou poderá colaborar ativamente a intervenção sobre a matéria de que é constituída a obra e sobre a qual possam ter sido feitos acréscimos, superfetações, mascaramentos, até o sepultamento, voluntário ou não, que dá lugar às descobertas por escavação. A esse propósito, conceber a escavação como uma fase independente da pesquisa histórica corresponde a uma necessária progressividade na operação de restauro, mas é absurdo considerá-la como autônoma, como se pudesse prescindir da restauração. Não é a escavação que tem precedência sobre o restauro, mas a própria escavação é tão só a fase preliminar da progressiva reatualização da obra de arte na consciência, de que o sepultamento a subtraiu. Por isso, a escavação é apenas o prelúdio do restauro, e não pode considerar a restauração como uma fase secundária ou eventual. Começar uma escavação nesses termos não é obra nem de pesquisa histórica, nem estética, mas uma operação inconsciente, cuja responsabilidade social e espiritual é gravíssima, porque é indubitável que aquilo que se encontra soterrado está muito mais protegido pelo prosseguimento de condições já estabilizadas do que pela ruptura violenta dessas condições que a escavação produz.

A consideração das várias fases da intervenção para a atualização da obra de arte e o restabelecimento dessas fases, não no exterior da obra de arte, mas no próprio interior do tempo em que a obra de arte se revela na consciência, produz uma estrutura muito mais complexa para a síntese que a consciência impõe a si como objetivo ao reconhecer como obra de arte um dado objeto.

Mas, evidentemente, não é o exame dessa singular estrutura da *consciência que revela a si própria a obra de arte* que agora nos poderá deter. Ao contrário, depois do exame do *tempo* na obra de arte, deveremos passar ao exame do *espaço* na obra de arte, para ver qual é o espaço que deve ser tutelado pela restauração: sublinho, não apenas *na* restauração, mas *pela* restauração.

A obra de arte, como *figuratividade*, é determinada em uma autônoma espacialidade que é a própria cláusula da realidade pura. Essa espacialidade chega então a se inserir no espaço físico, que é o próprio espaço em que vivemos, e chega a *insistir* nesse espaço, sem no entanto participar dele, de modo não diverso daquele que ocorre para a temporalidade absoluta que realiza a obra e que, mesmo representando um presente extratemporal, insere-se em um tempo vivido pela nossa consciência, em um tempo histórico, datado, e até mesmo cronometrado.

Mas essa condição, de inserir-se com uma espacialidade própria no mesmo espaço que é definido pela nossa presença vital no mundo, constitui, para a obra de arte, a fonte de uma infinidade de problemas, relativos não à sua espacialidade que está definida de uma vez por todas, mas exatamente no *ponto de sutura* entre essa espacialidade e o espaço físico. Acontece que, se a restauração é restauração pelo fato de reconstituir o texto crítico da obra e não pela intervenção prática em si e por si, deveremos, nesse ponto, começar a considerar a restauração semelhante à norma jurídica, cuja validade não pode depender da pena prevista, mas da atualização do querer com que se determina como imperativo da consciência. Ou seja, a operação prática de restauro estará, em relação ao restauro, assim como a pena em relação à norma, necessária para a eficiência, mas não indispensável para a validade universal da própria norma.

É por isso que a primeira intervenção que deveremos considerar não será aquela *direta* sobre a própria matéria da obra, mas aquela voltada a assegurar as condições necessárias para que a espacialidade da obra não seja obstaculizada no seu afirmar-se dentro do espaço físico da existência. Dessa proposição deriva que também o ato através do qual uma pintura é pendurada em uma parede não indicia apenas uma fase da *decoração* mas, acima de tudo, constitui a *enucleação* da espacialidade da obra, o seu reconhecimento e, portanto, os expedientes postos em prática para que seja tutelada pelo espaço físico. Pendurar um quadro em uma parede, tirar ou colocar uma moldura; colocar ou retirar um pedestal de uma estátua, tirá-lo de seu lugar ou criar-lhe um novo; abrir uma esplanada ou um largo junto a uma obra de arquitetura, e mesmo desmontá-la e remontá-la em outro lugar; eis outras tantas operações que se colocam como outros tantos *atos* de restauração e, naturalmente, não apenas como atos positivos, mas, antes, o mais das vezes como decisivamente negativos, como aqueles caracterizados por desmontar e remontar uma obra de arquitetura em outro lugar.

8. A Restauração Preventiva

Restauração preventiva é uma locução inusual que poderia também induzir ao erro de fazer crer que possa existir uma espécie de profilaxia que, aplicada como uma vacina, poderia imunizar a obra de arte em seu curso no tempo. Essa profilaxia, digamo-lo logo, não existe nem pode existir, porque a obra de arte, do monumento à miniatura, não pode ser concebida com o critério adotado para um organismo vivo, mas apenas na sua realidade estética e material em que subsiste e que serve de trâmite para a manifestação da obra como realidade pura.

A obra de arte, do monumento à miniatura, é, de fato, composta por um certo número e quantidade de matérias que, na sua conexão e por um indeterminado e indeterminável concurso de circunstâncias e de agentes específicos, podem sofrer alterações de vários gêneros que, nocivas à imagem, à matéria ou a ambas, determina as intervenções de restauro. A possibilidade, então, de *prevenir* essas alterações depende exatamente das características físicas e químicas das matérias de que é feita a obra de arte e não negamos que as prevenções para algumas eventuais mudanças poderão revelar-se também contrárias, no todo ou em parte, às exigências que são reconhecidas para a obra de arte como obra de arte; ou seja, a obra de arte, porque feita de uma certa matéria ou de um certo coacervo de matérias pode ter, com respeito à sua conservação, exigências contrárias ou de algum modo limitativas em relação àquelas que são reconhecidas para a sua fruição como obra de arte. A possibilidade de um conflito similar não é hipotética e isso será visto em seguida. Aqui, trata-se de delimitar a área daquilo que se deva entender por restauração preventiva e explicar por que falamos de restauração preventiva e não simplesmente de prevenção.

A locução restauração preventiva vincula-se, necessariamente, à noção por nós elaborada de restauração. Definimos, com efeito, a restauração como "o momento metodológico do reconhecimento da obra de arte na sua dúplice polaridade estética e histórica". O que significa, pois, *momento metodológico*? O reconhecimento da obra de arte como obra de arte advém de modo intuitivo na consciência individual e esse reconhecimento está na base de todo futuro comportamento em relação à obra de arte como tal. Deduz-se disso que o comportamento do indivíduo que reconhece a obra de arte como tal personifica instantaneamente a consciência universal, da qual se exige o dever de conservar e transmitir a obra de arte para o futuro.

Esse dever, que o reconhecimento da obra de arte impõe a quem a reconhece como tal, coloca-se como imperativo categórico, ao par do moral e, nesse próprio colocar-se como imperativo, determina a área da restauração preventiva como tutela, remoção de perigos, asseguramento de condições favoráveis. Mas, para que essas condições sejam efetivas e não permaneçam como petições abstratas, é necessário que a obra de arte seja examinada, em primeiro lugar, em relação à eficiência da imagem que nela se concretiza e, em segundo lugar, em relação ao estado de conservação das matérias de que é feita. Eis como essa indagação se coloca como metodologia filológica e científica, e somente a partir dela poderá ser esclarecida a autenticidade com a qual a imagem terá sido transmitida até nós e o estado de consistência da matéria de que é feita. Sem essa precisa indagação filológica e científica, nem a autenticidade da obra como tal poderá ser confirmada na reflexão, nem a obra estará assegurada, na sua consistência, para o futuro.

Qualquer ação a ser empreendida para restituir, nos seus elementos remanescentes, aquilo que resta da imagem originária ou assegurar a conservação das matérias a que a sua epifania como imagem é confiada será condicionada pelo concluir da dúplice indagação inicial; e é por isso que os atos práticos subsequentes, em que poderá ou deverá consistir a restauração comumente entendida, são apenas o aspecto prático da restauração, assim como a matéria da obra de arte, para a qual se volta a restauração prática, é subordinada pela forma da obra de arte.

Por isso, definindo a restauração como o momento metodológico do reconhecimento da obra de arte como tal, a reconhecemos naquele momento do processo crítico em que, tão só, poderá fundamentar a sua legitimidade; fora disso, qualquer intervenção sobre a obra de arte é arbitrária e injustificável. Além do mais, retiramos para sempre a restauração do empirismo dos procedimentos e a integramos na história, como consciência crítica e científica do momento em que a intervenção de restauro se produz.

Mas, definindo a restauração nos princípios teóricos em vez de na prática empírica, fazemos o mesmo que na definição do direito, que prescinde da sanção, dado que a legitimidade do direito deve fundamentar a legitimidade da sanção, e, vice-versa, não se pode isentar a sanção da legitimidade de impô-la; o que seria a mais evidente petição de princípio.

Com isso não degradamos a prática, antes, elevamo-na ao mesmo nível da teoria, dado que é claro que a teoria não teria sentido se não devesse, necessariamente, ser verificada na atuação, de modo que a execução dos atos considerados indispensáveis quando do exame preliminar é implícita no reconhecimento da sua necessidade.

Por conseguinte, como a restauração não consiste apenas das intervenções práticas operadas sobre a própria matéria da obra de arte, desse modo não será tampouco limitada àquelas intervenções e, qualquer providência voltada a assegurar no futuro a conservação da obra de arte como imagem e como matéria, a que está vinculada a imagem, é igualmente uma providência que entra no conceito de restauração. Por isso é só a título prático que se distingue uma restauração preventiva de uma restauração efetiva executada sobre uma pintura, porque tanto uma como outra valem pelo único e indivisível imperativo que a consciência impõe a si no ato do reconhecimento da obra de arte na sua dúplice polaridade estética e histórica e que leva à sua salvaguarda como imagem e como matéria.

Era premente declarar com toda a firmeza necessária a intrínseca validade do conceito de restauração também nessa exceção de restauração preventiva, uma vez que, ao considerá-la uma simples *extensão humanística* do conceito de restauração, poderíamos ser tentados a uma culposa indulgência nos casos em que haja um conflito entre as próprias exigências que coloca a fruição estética da obra e aquelas requeridas pela conservação da matéria a que é confiada. Além disso, as medidas de prevenção, implícitas no conceito de restauração preventiva, não são em geral de menor vulto e exigem amiúde maiores despesas do que as que são requeridas pela restauração de fato da obra de arte. Razão a mais para afirmar a peremptória necessidade dessas medidas e despesas, contrapondo-se à mentalidade corrente que desejaria reduzir-se às intervenções de extrema urgência, de inadiável emergência.

A restauração preventiva é também mais imperativa, se não mais necessária, do que aquela de extrema urgência, porque é voltada, de fato, a impedir esta última, que dificilmente poderá ser realizada com uma salvatagem completa da obra de arte.

Se, portanto, concorda-se com essa visão de restauro, torna-se claro como o máximo empenho da pessoa ou do órgão a que é confiada a obra de arte deva antes de tudo concentrar-se sobre a restauração preventiva. Mas respondamos a um opositor imaginário que possa discordar do conceito de restauração por nós explicitado. Fique bem claro que só pode existir uma objeção válida: aquela que não reconhecesse o direito da obra de arte – não da obra, entenda-se bem, mas da consciência universal a que pertence – de sobreviver. Mas é igualmente claro que uma negação similar nega ao mesmo tempo a obra de arte em seu valor universal por nós reconhecido e, por isso, destrói o problema da restauração na base. Se não existe obra de arte, não pode existir, não tem sentido, uma restauração entendida na dúplice corroborante atividade filológica e científica, conforme aquilo que explicamos. E é por isso que não nos quisemos limitar em examinar a restauração na sua passagem à prática das intervenções, mas fundamentá-la no próprio momento da manifestação da obra de arte como tal na consciência de cada um. Na reflexão que insurge com aquela revelação súbita, a restauração encontra origem, justificação, necessidade. Assim sendo, podemos passar ao exame breve da restauração preventiva nas ramificações em que necessariamente se subdivide.

Não seria este, no entanto, o lugar para discorrer sobre as muitas especializações dos monumentos, afrescos, estátuas, pinturas sobre suportes vários, mas se trata tão só de estabelecer direções de indagações que serão comuns a todas as obras de arte e que nos ajudarão a reconhecer, sejam as prevenções a fazer, sejam as eventualidades a evitar.

A definição dessas diretivas de indagação deverá ser deduzida, ainda, da natureza da obra de arte, na sua específica situação de exterioridade com referência à consciência que a reconhece como tal.

Dado que a obra de arte se define, antes de mais nada, na sua dúplice polaridade estética e histórica, a primeira diretriz de indagação será a relativa a determinar as condições necessárias para a fruição da obra como imagem e como fato histórico.

Além disso, a obra de arte define-se na matéria ou matérias de que é feita; e aqui a indagação deverá voltar-se ao estado de consistência da matéria e, sucessivamente, sobre as condições ambientais enquanto permitam, tornem precária ou ameacem diretamente a conservação.

Com isso, já foram definidas três direções básicas que poderão conduzir as indagações referentes à atuação prática das medidas preventivas, cautelares ou proibitivas.

Naturalmente, qualquer um dos grandes agrupamentos das obras de arte figurativas dará origem a uma série de indagações, de providências e de proibições que, por serem típicas, não por isso serão sempre idênticas. É necessário, de qualquer modo, tratá-las em grandes seções, mas não se esquecendo jamais de que toda obra de arte é um *unicum*, que, como tal, deve ser considerada e que por isso a sua má conservação, a sua deterioração ou o seu desaparecimento não podem nunca ser indenizados pela boa conservação de outra obra de arte considerada similar à primeira. Assim, também as indagações a serem realizadas, os levantamentos, as cautelas, não serão de modo algum coincidentes, nem ao menos para um monumento. O que parece óbvio, e infelizmente não o é, se nos ativermos aos dados da experiência, mesmo recente.

Retornemos, então, às nossas três grandes partições e em particular à primeira. É a indagação relativa a determinar as condições necessárias para a fruição da obra como imagem e como fato histórico. Uma vez que tratamos do tema de restauração preventiva, é claro que tal indagação não é entendida, nessa sede, sequer como um restauro de remoção de eventuais obstáculos à fruição da obra. Nessa sede, supõe-se a obra perfeitamente apreciável seja como imagem, seja como monumento histórico. E dado que não se pode prever tudo, nem se deixar arrastar em um jogo inútil de hipóteses, seria possível acreditar que essa primeira indagação é em substância óbvia, a ser transcurada. Por isso, deve-se dar um exemplo.

Tomemos, pois, a fachada de Sant'Andrea della Valle[1], como estava antes que se abrisse aquele largo que inicia o Corso del Rinascimento. O que foi danificado com a abertura do largo e da rua? Materialmente nada, figurativamente muito.

A principal particularidade da fachada, do ponto de vista da espacialidade arquitetônica, é dada pelas colunas encastradas. Essa particularidade, bastante rara, deriva do vestíbulo de Michelangelo para a Laurenziana, e implica uma função, na cortina da fachada, bem diversa do plano de fundo. Por um lado, com efeito, o fundo plasticamente entendido emerge, protende-se em direção àquele que observa; por outro, a coluna afunda, permanecendo, ademais, cilíndrica, sem ser reduzida a meia coluna, mas, ao contrário, defendida por uma sutil *lâmina* de vazio (entre o ponto da coluna e o nicho que a abriga). A prescindir, então, da consideração basilar que tal particularidade realiza a espacialidade própria da fachada como exterior-interior[2], é claro que se presume uma distância limitada, como estação de parada do observador; de fato, uma distância fixa, intransponível, além da qual o efeito previsto não mais se produz, exatamente

1. A construção da igreja, situada em Roma, foi iniciada em 1591. A fachada foi executada entre 1656 e 1665 por C. Rainaldi, assistido por C. Fontana, seguindo o projeto de Carlo Maderno, e são alguns de seus aspectos plásticos que Brandi compara com aqueles explorados por Michelangelo no vestíbulo da Biblioteca Laurenziana em Florença. A abertura do Corso del Rinascimento foi feita entre 1936 e 1938. (N. da T.)
2. Em relação à análise da espacialidade arquitetônica, remeto ao meu "Dialogo sull'architettura", *Elicona*, vols. III-IV, Torino, Einaudi, 1956, pp. 188-214.

porque se cria um *achatamento* da coluna na parede emergente e a *lâmina* de vazio se torna uma mera lista escura nas margens da coluna. Em vez de conservar na coluna o seu intacto envolvimento cilíndrico no espaço, determina uma versão linear da coluna, reduzindo-a a pilastra. Com efeito, Michelangelo usou o procedimento no fechado vestíbulo da Laurenziana, "com foco fixo", por assim dizer. E na fachada de Sant'Andrea della Valle, o "foco fixo" era obtido e salvaguardado pela largura da rua. Alterada a rua, o ponto de vista é recuado inevitavelmente e, agora, para quem observa a fachada, ela parece antes desenhada do que esculpida, como queria aparecer.

Como se poderia resolver a restauração preventiva? Em uma disposição legislativa que não se limitasse à proibição de alterar, de modo algum, a própria fachada, mas que estabelecesse a intangibilidade das zonas adjacentes. A primeira notificação espelha ainda a consciência legislativa dos *editais* que ainda se leem nas esquinas das ruas, relativos ao lixo etc. São disposições legislativas que não sanam o mal, transferem-no; a sujeira não estará ali, mas estará um pouco mais adiante. Assim, a notificação concernente apenas à fachada salvaria a fachada só na sua subsistência material, mas não no âmbito espacial que propriamente lhe compete.

Vejamos agora, no âmbito dessa primeira indagação, o que se entende por restauração preventiva em relação à obra como monumento histórico. Também aqui não serão poucas as pessoas que gritarão contra a futilidade de uma indagação similar, feita para prevenir não se sabe o quê. Vejamos o exemplo da Via Giulia, em Roma, e suponhamos que estivesse ainda como há vinte anos. Seria possível conceber uma notificação em bloco que preservasse o inteiro complexo como um único monumento? É claro que teria sido possível fazê-lo, mas as sutis e interessadas *distinções* que ocorrem em tal caso, partiam por certo do fato de que não tudo, naquela esplêndida rua, era palácio ou palacete que fosse; existia também a casa, a casinha acomodada. Em tal caso, a unidade perspéctica da rua teria sido salva com a substituição da casa ou da casinha por um edifício que, como *massa, cor, altura*, não fosse conflitante em relação aos edifícios de pouco valor que existissem em um dado ponto e que, mesmo se de pouco valor, mantivessem um *nível*, digamos assim, na estrutura perspéctica da rua. Raciocínios similares, na melhor das hipóteses, devem ter levado à construção do *Virgilio*[3], que não é por certo a mais indecente das novas construções em Roma, mas que sem dúvida alguma perturba a estrutura histórica da rua de Bramante; altera, com um equivocado modernismo, a configuração com a qual havia chegado a nós e que, na nossa consciência histórico-crítica, tínhamos o dever de conservar inalterada.

Ocorre que o raciocínio sobre o qual se baseia a proposta de substituir uma construção de pouco valor in-

---

3. Brandi refere-se ao Liceu-Ginásio Virgílio, edificado entre 1936 e 1939, cuja construção implicou várias demolições. (N. da T.)

serida em um ambiente monumental com uma moderna de igual massa, altura, cor, é lógico só na aparência, e, na realidade, se resolve em um sofisma, uma vez que a substituição ocorre, ou não, com uma construção que tem o direito de se chamar arquitetura. Se a construção não chega à arquitetura, é claro que não poderá justificar a destruição de um *status quo* que historicamente deve subsistir assim como está, não podendo a instância histórica ceder a outra coisa que não seja a instância estética. Ou a construção crê poder atingir o grau de arquitetura, ou seja, de arte, e então, dada a espacialidade contrastante que personifica a arquitetura moderna, a inserção de uma *verdadeira* arquitetura moderna em um contexto antigo é inaceitável. Portanto, de nenhum modo, em se tratando ou não de arquitetura, pode-se conceder a alteração de um ambiente arquitetônico antigo com a substituição das partes que constituem seu tecido conectivo que, mesmo se amorfo, é sempre coevo e historicamente válido (é óbvio que, entre as nossas hipóteses, não tenha sido nem mesmo alinhada aquela do "falso estilístico").

Se poderia parecer mais difícil demonstrar a necessidade de acautelar-se em relação à futura fruição da obra de arte, unicamente conservando o estado em que se encontra, as outras duas diretivas de indagação relacionadas com o estado de consistência da matéria e às condições a assegurar para uma boa conservação não necessitam de uma exemplificação preliminar, pelo fato de serem confiadas não mais a uma apreciação que exija uma particular sensibilidade artística e histórica, mas a levantamentos práticos e a deduções científicas que se colocam por si só em um campo que, por ser mais objetivo, resulta menos discutível.

Apêndice

1. Falsificação

Subverte-se o sentido de falsificação quando se acredita poder tratá-la sob um ponto de vista pragmático, como história dos métodos de fabricação dos falsos, em vez de partir do juízo de falso. Isso resultará explícito de imediato se tivermos em mente que o falso não é falso até que seja reconhecido como tal, não se podendo, com efeito, considerar a falsidade como uma propriedade inerente ao objeto porque, também no caso limite em que a falsidade seja constituir-se precipuamente de uma diversa consistência material, como para as moedas, a falsidade resulta, comparativamente, da liga que compõe as moedas autênticas, mas a liga diversa não é falsa em si, é genuína. Desse modo, foi ótimo julgado aquele que considerou delituosa a fabricação de esterlinas que tinham a mesma porcentagem de ouro das esterlinas autênticas e também uma absoluta identidade de cunhagem, mas cuja falsidade dependia do fato de não terem sido feitas na Casa da Moeda inglesa e que a substituição dos falsários, nessa atividade, não poderia deixar de ser assinalada pela lei, ainda que não houvesse nenhuma fraude no peso do ouro. Por isso, a falsidade se funda no juízo. Ora, o juízo de falso coloca-se como aquele em que é atribuído a um sujeito particular, um predicado, cujo conteúdo consiste na relação do sujeito ao conceito. Reconhece-se, assim, no juízo de falsidade um juízo problemático com o qual se faz referência às determinações essenciais que o sujeito deveria possuir e não possui, mas que, ao contrário, se pretenderia que possuísse, donde no juízo de falsidade se estabelece a não congruência do sujeito ao seu conceito e o próprio objeto é declarado falso.

Era uma premissa indispensável reconhecer a falsidade como estando no juízo e não no objeto, dado que não se justificaria de outra forma o fato de que um mesmo objeto, sem variações de nenhuma espécie, possa ser considerado imitação ou falsificação, segundo a intencionalidade com que foi produzido ou posto em circulação. Portanto, na base da diferenciação entre cópia, imitação e falsificação não está uma diversidade específica nos modos de produção, mas uma intencionalidade diversa. Podem ocorrer, por isso, três casos fundamentais:

1. produção de um objeto semelhante a, ou reproduzindo, um outro objeto; ou, ainda, no modo e no

estilo de um determinado período histórico ou de determinada personalidade artística, para nenhum outro fim a não ser uma documentação do objeto ou o prazer que dele se quer extrair;

2. produção de um objeto como referido acima, mas com o intento específico de levar outros ao engano a respeito da época, da consistência material ou do autor;

3. imissão no comércio ou, de qualquer modo, difusão do objeto, mesmo que não tenha sido feito com a intenção de levar ao engano, como uma obra autêntica, de época, ou de matéria, ou de fabricação, ou de autores diversos daqueles que dizem respeito ao objeto em si.

Ao primeiro desses casos corresponde a cópia e a imitação, que, ainda que conceitualmente não coincidam, representam dois graus diversos no processo de reprodução de uma obra singular ou de retomada de modos ou de um estilo próprio a uma época ou a um determinado autor. O segundo e o terceiro casos individuam as duas acepções fundamentais do falso.

Só a partir do caso concreto será, então, possível distinguir o falso histórico do falso artístico, que do falso histórico acaba por se apresentar como uma subespécie, dado que toda obra de arte é também monumento histórico e dado que a intenção de induzir ao engano é idêntica em ambos os casos.

Mas seria possível supor que uma diferenciação entre cópia e imitação de um lado, e falsificação, de outro, poderia ser feita não apenas com base na intencionalidade, mas ser deduzida também de características particulares, dada a diversidade das intenções pelas quais se faz uma cópia ou se manipula uma contrafação. Todavia, essa diversidade se revela ilusória e de modo a não se poder fundar nela nenhum juízo seguro, mas no máximo, em alguns casos, valendo como sintoma para buscar a intencionalidade antes de mover a produção do objeto. Com efeito, por mais que o escopo de quem executa uma cópia para documentação possa ser diverso daquele de quem a executa para contrabandeá-la como original, num e noutro caso o executor age no campo de uma civilização atual e, portanto, no âmbito de uma cultura historicamente determinada mesmo na moda e nas predileções; e seja que execute a cópia para documentação ou para contrafação, será sempre movido a documentar ou a falsificar sobretudo aquilo que as predileções ou a moda do momento apreciam ou buscam na obra, que não será jamais a obra na sua total fenomenologia, mas apenas esse ou aquele aspecto. O copiador ou o falsificador vão querer, pois, conservar na sua reprodução aquele peculiar aspecto particularmente apreciado e inevitavelmente transcurarão o resto; disso deriva que também as cópias têm uma data, revelam pertencer a um período histórico, a menos que tenham sido obtidas com procedimentos mecânicos e também nesse caso será difícil, mas não sempre impossível, distingui-las do original. O mesmo pode ser dito dos falsos, de que, em qualquer campo que se exercite o falsário, existirão falsários diferentes segundo as épocas, trate-se de moedas, de estátuas ou de pinturas. Por isso, a cópia, a imitação e a falsificação espelharão a *facies* cultural do momento em que foram executadas e nesse sentido desfrutarão de uma historicidade que se poderia dizer dúplice pelo fato de terem sido concretizadas em um determinado tempo e pelo fato de portarem consigo, inadvertidamente, o testemunho das predileções, do gosto e da moda daquele tempo. Donde a história da falsificação pertence por direito não apenas à história do gosto mas, em se tratando de obra de arte, também à história da crítica da arte, porque o falso poderá espelhar a forma particular de *ler* uma obra de arte e de inferir o estilo que foi próprio a um dado período histórico. Assim, os falsos que há cinquenta anos enganaram especializadíssimos conhecedores, hoje são desmascarados de modo muito mais fácil, porque agora se observa e se avalia a obra de arte com critérios diversos daqueles em uso no princípio do século. E vale recordar sobretudo a obra de Dossena, baseada em uma astuta contaminação estilística, conveniente para sugerir a identificação de certos mestres intermediários, ou fases intermediárias de mestres bem conhecidos, desfrutando, pois, da práxis de uma crítica filológica então no auge e voltada a cristalizar o estilo de um mestre em seus particulares, fixos e reconhecíveis estilemas.

Concluindo, a história da falsificação deverá ser feita levando-se em conta as cópias e as imitações e não apenas as falsificações evidentes, e isso não só pela substancial identidade dos procedimentos empregados, num e noutro caso, mas por duas outras ordens de razões: a dificuldade em provar o dolo, que é essencial para o juízo de falso; a impossibilidade de excluir, mesmo nos períodos mais remotos da civilização, uma intencional produção de falsos, dado que civilização é também sinônimo de comércio e, portanto, de uma escala de valores, por mais rudimentar que seja, sobre os quais se exercita de imediato a malícia humana.

Exatamente pela dificuldade de provar o dolo, ou melhor, o *animus* que preside à produção do objeto ou à sua comercialização, dever-se-á presumir, assim como no direito, a boa-fé, até prova em contrário, e por isso, por uma razão dupla, não se poderiam excluir da história da falsificação o uso e a produção de cópias, réplicas e imitações.

Dado que apenas o *animus* determina o juízo de falso, deve-se desfazer uma prejudicialidade que, sobretudo na vida artística moderna, acabou por assumir uma certa importância: se é consentido ao artista, criador de uma determinada obra, reproduzi-la com certa distância de tempo, datando-a ou fazendo-a passar por anterior à época precisa em que a reprodução foi executada. Se esta última condição é excluída de modo explícito pela aposição da data real, o juízo de falso não pode ser emitido, mas quando a data for alterada ou omitida de modo voluntário, o *animus* de induzir ao engano será dificilmente posto em dúvida e o artista, falsário de si mesmo, não assumirá, moral e juridicamente, um papel diverso daquele de qualquer outro falsário.

Resta, enfim, examinar se, além do fato doloso que a produção ou a comercialização do falso implica, é possível reconhecer na obra de arte falsificada um valor em si e por si. Do ponto de vista da execução técnica, e, portanto, de artesanato, pode ser, com efeito, reconhecido um valor de documento histórico. Mas o discurso é diferente quando se trata de reconhecer no falso um valor como obra de arte, sobretudo quando se tratar não mais de uma cópia que substitua um original, mas de uma interpretação, presumivelmente autônoma, do estilo de um dado mestre. É necessário, entretanto, distinguir que a licitude da cópia, à parte o virtuosismo da execução, é limitada, para a Estética, ao eco que transmite do original e que enfraquecerá de um tanto o original, todas as vezes que o reproduzir ou o divulgar.

Pareceria, no entanto, que ao retomar o estilo de um mestre, nada houvesse de diverso em relação àquilo que usualmente aconteceu em todos os períodos históricos, em que, em seguimento a uma grande personalidade, existiram retomadas, interpretações, adequações de outros artistas, sem que isso jamais tenha constituído uma imputação, nem do ponto de vista moral, nem do estético, mesmo havendo casos como aquele de Giotto-Maso, Giorgione-Tiziano, Masolino-Masaccio, em que a distinção é com frequência árdua, e amiúde opinável. Recentemente, tentou-se reivindicar um direito semelhante a propósito de um dos falsos mais famosos dos últimos tempos, a *Ceia de Emaús* do falsificador de Vermeer, Van Meegeren (cf. Ragghianti em *Sele-Arte*, n. 17, março-abril de 1955).

Mas a resposta só pode ser negativa. No caso específico, a adequação ao estilo de Vermeer foi feita, do mesmo modo de Dossena, para inventar uma obra de transição do período menos documentado de Vermeer; e precisamente no procedimento voltado a enganar, está o efetivo poder de sugestão da pintura. Para que a imitação assumisse um valor autônomo, seria necessário, entretanto, que não pudesse ser equivocada em relação à efetiva data de nascimento, e a forma de que se partiu fosse verdadeiramente conduzida à substância de uma nova subjetividade. O que é possível, mas exclui, na não-equivocidade de data, a suspeita de falsificação e faz a obra entrar de novo na categoria das obras de arte autênticas, para as quais o juízo que assim as declara será um juízo assertório, enquanto o de falso é problemático, levantando a divergência entre arte ou falsificação também na forma lógica do juízo que as avalia como tal.

2. Apostila Teórica para o Tratamento das Lacunas[1]

O problema do tratamento das lacunas em uma obra de arte danificada teve até o momento soluções contrastantes pelo fato basilar de ter sido tratado de modo empírico, enquanto a sua solução é, sobretudo, teórica. Seria possível, é verdade, objetar que a diversidade das soluções excogitadas depende também da diversa estrutura das obras de arte, ou arquitetônicas ou escultóricas ou pictóricas ou de outra espécie ainda, e que por isso um tratamento unitário seria obstaculizado pelo intrínseco caráter objetal das obras de arte em questão.

Mas, de fato, uma objeção desse gênero convalida o nosso ponto inicial, em vez de denegá-lo, dado que uma

---

1. Comunicação apresentada no XX Congresso de História da Arte, Nova York, setembro de 1961.

solução que derive do específico caráter objetal da obra de arte realça o empirismo com o qual se tenta resolver, de vez em vez, o problema, que é problema conexo à própria essência da obra de arte. A acomodação, por assim dizer, que a premissa teórica deverá sofrer para se adequar caso a caso, não implica que se possa desconsiderar a premissa teórica.

Trata-se, pois, de explicitar em que consiste essa premissa teórica, indispensável, a nosso ver, para assegurar a racionalidade do tratamento das lacunas.

Para tanto, deve-se circunscrever o próprio objeto da nossa pesquisa, ou seja, a obra de arte. Todo o mundo pensará, nesse ponto, que se trata de algo óbvio, mas é, precisamente, uma obviedade que deve ser indagada. A obra de arte, assim como se apresenta a nós em um museu, é a mesma obra de arte que foi criada pelo artista, ou, uma vez completada, ou de todo modo rescindida de fato a relação criativa – e por isso também factual – entre a obra e o artista, a obra, pelo fato de ter entrado no mundo, objeto possível de uma experiência universal, tornou-se algo diverso? E como se pode definir em que consiste esse algo diverso?

Pois bem, assim colocada a questão, é claro que nós pretendemos aplicar também para a obra de arte um tratamento fenomenológico, ou seja, submetê-la a uma especial *epoché*[2]. Nós nos limitaremos a considerar

---

2. *Epoché* é palavra que vem do grego, significando suspensão do assenso, interrupção, parada, limite, aquilo que dá início a um novo período. Em italiano sua acepção está ligada, também, ao ceticismo da Antiguidade e

a obra de arte só como objeto de experiência do *mundo da vida*, para nos atermos a uma expressão de Husserl. Com isso, não retrocederemos a obra de arte a um caráter objetal genérico, mas, sem indagá-la na sua essência, a aceitaremos assim como entrou no campo da nossa percepção e, portanto, da nossa experiência. Circunscrevendo assim a obra de arte, podemos considerar todos aqueles aspectos que escapam se questionamos a obra de arte na sua essência; aspectos que vão da sua consistência material, e, portanto, de seu estado de conservação, até a sua apresentação museográfica.

Se considerarmos, com efeito, a obra de arte na sua essência, é claro que tudo aquilo que diz respeito ao *material externo e real*, como dizia Hegel, de que consta a obra de arte – as condições térmicas e higrométricas em que se encontra ou em que se deveria encontrar, as providências museográficas a serem tomadas em relação à sua exposição ao público, – representam, todas, questões irrelevantes. Mas a obra de arte, exatamente porque é obra de arte na sua essência, não permanece com isso suspensa fora da nossa experiência, ao contrário, apenas reconhecida como tal, e precisamente como tal, tem o direito de ser excetuada do mundo fenomênico e, através dessa particular circunscrição efetuada no mundo da

corresponde à suspensão do juízo pela adoção do princípio da antilogia que conduziria à ataraxia; e, na fenomenologia de Edmund Husserl, seu sentido refere-se à redução fenomenológica e está relacionado com a suspensão prévia de qualquer juízo sobre o domínio do conhecimento em consideração. (N. da T.)

vida, ser tratada em estreita relação ao reconhecimento ocorrido. Ocorre que esse reconhecimento, através da particular *epoché* que operamos, nos ensina que a obra de arte chega até nós como um circuito fechado, como algo em que temos o direito de intervir só sob duas condições: para conservá-la o quanto mais possível íntegra; para reforçá-la, se necessário, na sua estrutura material periclitante. Conservá-la íntegra coloca-se, por isso, como um conceito oposto à repristinação, mesmo se poderá parecer que, em certos casos, as operações necessárias para a conservação e para a repristinação sejam as mesmas. Mas a repristinação pretende inserir-se naquele ciclo fechado que é a criação, substituindo o próprio artista, ou tomando o seu lugar; enquanto a conservação da obra na sua integridade deve limitar-se a intervir na obra só porque, por indevidas intervenções ou por ação do tempo, a obra tenha sido desfigurada por acréscimos ou modificações que não realizam uma nova síntese. E, portanto, enquanto a repristinação se resolve em uma intervenção empírica de substituição histórica e criativa, pretendendo inserir-se em um momento da passagem da obra de arte que havia sido encerrado pelo Autor e que é irreversível, na intervenção conservativa não ultrapassamos o momento em que a obra de arte entrou no *mundo da vida* e, por isso, adquiriu uma segunda *historicidade* em relação ao seu primeiro ingresso, através da longa ou breve elaboração que requereu de seu autor, no *mundo da vida*.

Esclarecido esse ponto, esclareceu-se também a premissa teórica para o tratamento das lacunas. Uma vez estabelecido, com efeito, que a obra de arte de que nos devemos ocupar é aquela que interfere em nossa experiência, em nossa historicidade presente, é evidente que nos devemos ater a questionar a obra de arte na sua atual presença na nossa consciência e, enquanto a interrogamos desse modo, não pretendemos colocar em discussão a sua essência, que consideramos inerente, mas tratá-la como objeto dessa nossa experiência atual.

Serão postos, agora, sob a nossa observação todos os aspectos que concernem à consistência da obra de arte na sua estrutura material e, ademais, os aspectos relativos às condições térmicas e higrométricas em que a obra se encontra, a sua apresentação que vai da iluminação ao fundo ou ao ambiente em que é exposta, se a obra de arte pertence à categoria daquelas que empiricamente são chamadas de bens móveis. Nessa observação circunscrita da obra de arte como fenômeno, mesmo como fenômeno de uma classe em si, poderemos propor também o problema do tratamento das lacunas. Veremos de imediato que qualquer intervenção voltada a integrar por indução ou por aproximação a imagem nas suas lacunas é uma intervenção que exorbita da consideração da obra de arte que somos obrigados a observar; dado que não somos o artista criador, não podemos inverter o curso do tempo e nos inserirmos com legitimidade naquele momento em que o artista estava criando a parte que agora falta. A nossa única postura, em relação à obra de arte que entrou no mundo da vida, é considerar a obra de arte na presença atual que se faz realidade em nossa consciência e de restringir nosso comportamento em relação à obra de arte ao respeito pela obra de arte, o que implica a sua conservação e o respeito à integridade daquilo que chegou até nós, sem prejudicar o seu futuro.

Com tal postura, devemos limitarmo-nos a favorecer a fruição daquilo que resta e se apresenta a nós da obra de arte, sem integrações analógicas, de modo que não possam surgir dúvidas sobre a autenticidade de uma parte qualquer da própria obra de arte. Nesse ponto, e só nesse ponto, é que se pode examinar a questão de que se aquilo que resta de uma obra de arte é na realidade mais do que aquilo que materialmente permanece, ou seja, se a unidade de imagem da obra de arte não permite a reconstituição de certas passagens perdidas, exatamente como reconstituição daquela unidade potencial que a obra de arte possui como *inteiro* e não *total*. Acreditamos que isso, dentro dos devidos limites, seja admissível e também desejável, mas queremos sublinhar que, com uma consideração de tal gênero, nós ultrapassamos a *epoché* que nos impusemos e interrogamos a obra de arte na sua essência, para examinar se, e até que ponto, a reconstituição de certas passagens perdidas pode, com efeito, ser uma legítima emanação da própria imagem e não, antes, uma integração analógica ou fantasiosa. Dado que o juízo só pode ser individual, a integração proposta deverá, então, contentar-se com limites e modalidades tais de modo a ser reconhecível à primeira vista, sem documentações especiais, mas precisamente como uma *proposta* que se sujeita ao juízo crítico de outros. Por isso, qualquer eventual integração, mesmo se mínima, deverá ser identificável de modo fácil: e foi assim que elaboramos, no Instituto Central de Restauração, para as pinturas, a técnica do *tratteggio* com aquarela que se diferencia por técnica e por matéria, da técnica e da matéria da pintura integral. Ao fazermos isso, não ultrapassamos os limites da *epoché* que nos impusemos, pois a nossa integração é fenômeno no fenômeno e como tal não se esconde, mas, antes – mais do que se submeter à experiência do outro –, ostenta-se.

Mas daquilo que precede é evidente que a eventualidade da integração hipotética de algumas lacunas é uma solução apenas parcial para certos casos, diremos marginais, pois, para citar um exemplo prático, não será possível aceitar como integração hipotética aquela que substitui uma cabeça que falta e assim por diante. As integrações hipotéticas, colocadas entre parênteses, tal como aquelas que os filólogos propõem nos textos lacunosos, serão admissíveis para aqueles nexos possíveis de se reconstruir com base na *metalógica* especial que a imagem possui e que o contexto da imagem consente sem possíveis alternativas. É somente aqui que se pode admitir o *caso a caso*. Mas, na maioria das vezes, essas integrações hipotéticas não serão possíveis e então se coloca o problema da lacuna em si e por si. É aqui, pois, que se deve recorrer (como uma nova prova indireta do método que sempre patrocinamos em vinte anos de experiência do Instituto Central de Restauração) ao *Gestaltismo*. O que é uma lacuna que aparece no contexto de uma imagem pictórica, escultórica ou mesmo arquitetônica? Se remontarmos à obra na sua essência, perceberemos de pronto que a lacuna é uma interrupção formal indevida e que poderemos considerar como dolorosa, mas se nos restringirmos aos limites da *epoché*, ou seja, se permanecermos no campo da percepção imediata, interpretaremos, com os esquemas espontâneos da percepção, a lacuna segundo o esquema de figura e de fundo: ou seja, sentiremos a lacuna como *figura* a que a imagem pictórica, escultórica ou arquitetônica serve de *fundo*, enquanto é ela própria, e em primeiríssimo lugar, figura. Dessa retrocessão da figura a fundo, desse violento inserir da lacuna como figura em um contexto que tenta expeli-la, nasce a perturbação que produz a lacuna, muito mais, diga-se de passagem, do que pela interrupção formal que opera no cerne da imagem.

Portanto, o problema se delineia de modo nítido: deve-se reduzir o valor emergente de figura que a lacuna assume em relação à efetiva figura, que é a obra de arte. Assim posto, é claro que as soluções *caso a caso*, que a lacuna exigirá, não divergirão no princípio, que é o de reduzir a emergência na percepção da lacuna como figura. Também nessa busca da solução específica nos ajudará o *Gestaltismo*. Deverá ser removida qualquer ambiguidade da lacuna, ou seja, evitar que ela seja reabsorvida pela imagem, que só se enfraqueceria por isso; será importante, pois, que a lacuna se encontre em um nível diverso daquele da superfície da imagem, e quando isso não puder ser feito, o tom da lacuna deverá ser graduado de modo a criar para ela uma situação espacial diversa dos tons expressos na imagem lacunosa. Nesse ponto, vê-se como era empírico, e sempre defeituoso, o critério da *zona neutra*, que se não for integrado à consideração da emergência da lacuna como figura, representará uma intervenção tão arbitrária quanto o completamento fantasioso. Mas se observará que os esquemas espontâneos da percepção em que nos fundamentamos não são todos espontâneos, mas, em parte, também adquiridos: é adquirido, por exemplo, aquele da leitura da esquerda para a direita, que a pintura bizantina nos inculcou e que a Antiguidade Clássica ignorou. Mas essa objeção que colocamos de forma expressa não muda de modo algum a substância do problema e da solução. Queríamos que o problema do tratamento das lacunas não recebesse uma solução que prejudicasse o futuro da obra de arte ou alterasse a sua essência. Os pontos essenciais que colocamos – absoluta e fácil distinguibilidade das integrações que realizam a unidade potencial da imagem, diminuição da emergência da lacuna como figura – são referências seguras que permitem uma grande variedade de soluções específicas, que, no entanto, serão sempre unívocas no princípio de que derivam. É claro que se alguns esquemas espontâneos da percepção evoluírem, será sempre possível, no futuro, aplicar às lacunas um tratamento que leve em consideração esse aprimoramento da percepção. Por isso, não demos receitas e não as daremos; mas o princípio não muda e os dois momentos da história da arte permanecerão sempre distintos, assim como permanece distinta a historicidade da obra de arte como criação do artista, da historicidade de que goza uma vez que entrou no mundo da vida. Nem pode ser contestável que nós, enquanto operamos a recepção da obra de arte, insistimos nessa segunda historicidade, e sobre essa historicidade devemos modelar o nosso comportamento em relação à obra de arte, também quando a obra se apresentar incompleta ou lacunosa.

3. Princípios para a Restauração dos Monumentos

Para a restauração dos monumentos valem os mesmos princípios que foram explicitados para a restauração das obras de arte, ou seja, para as pinturas, sejam elas móveis ou imóveis, os objetos artísticos e históricos, e assim por diante, segundo a acepção empírica que distingue a obra de arte da arquitetura propriamente dita. Com efeito, dado que também a arquitetura, se tal, é obra de arte, como obra de arte goza da dúplice e indivisível natureza de monumento histórico e de obra de arte, e o restauro arquitetônico recai também sob a instância histórica e a instância estética. No entanto, ao aplicar à restauração dos monumentos arquitetônicos as normas da restauração das obras de arte, deve-se ter presente em primeiríssimo lugar a estrutura formal da arquitetura, que difere daquela das obras de arte, entendidas na acepção empírica supracitada. De fato, mesmo se uma pintura, uma escultura, um objeto artístico ou decorativo possam ter sido criados expressamente para um determinado espaço, será caso raríssimo – a ser encontrado apenas nos monumentos rupestres – que uma escultura ou uma pintura estejam ligadas de modo indissolúvel a tal espaço, teoricamente realizado em um determinado lugar, e que se dali forem retiradas não poderão fruir de condições espaciais análogas ou até melhores do que aquelas em que se encontram na destinação originária. E isso porque a espacialidade que se realiza em uma dada figuratividade não vem à obra a partir do exterior, mas é função da sua própria estrutura. A diferença, então, com a condição da arquitetura, com certeza não depende de uma essência diversa entre arquitetura e obra de arte, mas do fato que na arquitetura a espacialidade própria do monumento é coexistente ao espaço ambiente em que o monumento foi construído. Se então, em uma obra de arquitetura como interior, a salvaguarda da dimensão exterior-interior é assegurada só pela conservação do interior, em uma obra de arquitetura como exterior, a dimensão interior-exterior exige a conservação do espaço ambiente em que o monumento foi construído. E é por essa razão que, em caso de necessidade, será possível reconstruir – ainda que não totalmente – o interior de um monumento (câmara sepulcral de uma tumba, pintada ou não, talhando as paredes e fazendo a sua anastilose), para um monumento como exterior, a possibilidade de reconstrução do dado ambiental será possível só com a anastilose do monumento – quando puder ser desmontado pedra por pedra – mas no próprio lugar e não em outra parte.

Sob esse aspecto, no entanto, o problema apresenta duas faces diferentes: pode ser contemplado do ponto de vista do monumento ou do ambiente em que se encontra que, além de estar ligado de modo indissolúvel ao próprio monumento do ponto de vista espacial, pode constituir, por sua vez, um monumento, de que o monumento em questão constitui um elemento.

Está, portanto, delineada a problemática especial da arquitetura como exterior, no que tange à problemática geral da obra de arte em relação às eventuais operações de restauro.

Coloca-se, por isso, em primeiro lugar, a inalienabilidade do monumento como exterior do sítio histórico em que foi realizado. Em segundo lugar, deve-se examinar a problemática que nasce da alteração de um sítio histórico no que concerne às modificações ou ao desaparecimento, parcial ou total, de um monumento que dele fazia parte.

Do primeiro reconhecimento da inalienabilidade do monumento como exterior derivam, entretanto, alguns corolários:

1. a absoluta ilegitimidade da decomposição e recomposição de um monumento em lugar diverso daquele onde foi realizado, dado que tal ilegitimidade de-

riva ainda mais da instância estética do que da existência histórica porque, com a alteração dos dados espaciais de um monumento, chega-se a invalidá-lo como obra de arte;

2. a degradação do monumento, decomposto e reconstruído em outro lugar, a *falso* de si mesmo obtido com os seus próprios materiais, pelo qual se torna ainda menos do que uma múmia em relação à pessoa que foi quando viva;

3. a legitimidade da decomposição e recomposição ligada apenas à salvaguarda do monumento, quando não for possível assegurar a sua salvação de outro modo, mas sempre e somente em relação ao sítio histórico onde foi realizado.

Postos esses corolários, é evidente que os problemas figurativos relacionados ao desaparecimento ou à alteração de um dos elementos – que não necessariamente poderão ter caráter de monumento em si – em um determinado sítio histórico, constitui o reverso do problema relativo à conservação *in situ* do monumento.

Deve-se precisar, no entanto, que se falou de *sítio histórico* e não apenas de ambiente monumental, porque do ponto de vista do monumento, também o ambiente natural em que ele se possa encontrar faz as vezes de ambiente monumental; mesmo sendo difícil que se realize a recíproca, que para o ambiente natural possam ser reconhecidas as mesmas exigências de um ambiente monumental. O exemplo poderia ser dado pela colina de

San Miniato al Tedesco, encimada pela torre de Frederico II, abatida pelos alemães, pela fortaleza di Ghino di Tacco na cima de Radicofani, ou pelas torres funerárias que qualificam as ásperas colinas do deserto que circunda Palmira.

Ao se colocar a problemática da conservação do sítio histórico relativo ao monumento e do monumento como elemento desse sítio-ambiente, delineiam-se duas questões fundamentais:

1. Posto que um dado monumento representa um elemento de um ambiente, seja natural, seja monumental, quando esse ambiente estiver alterado tão profundamente de modo a não mais corresponder aos dados espaciais conaturais ao próprio monumento, a condição de inalienabilidade colocada acima para o próprio monumento permanece?
2. Posto que o ambiente natural ou monumental não tenha sido alterado de modo profundo nos seus dados espaciais, a não ser pelo desaparecimento de um ou mais elementos, a reconstituição destes por meio de cópias, que apesar de, em si, constituírem um falso, poderá ser admitida com base na reconstituição espacial do ambiente, se não na impossível revivescência do monumento?

É claro que a resolução desses quesitos só pode ocorrer dentro do quadro dos princípios gerais da restauração, porque deduzidos da própria essência da obra de arte.

Com a guia desses princípios, deve-se responder à primeira questão, que será sempre procurar reconduzir os dados espaciais do sítio ao estado o mais próximo possível daqueles originais; mas o monumento não deverá ser removido, mesmo se a alteração dos dados espaciais for insanável. A consciência de autenticidade que induz o monumento não removido deverá sempre ser anteposta à consciência hedonística do próprio monumento.

Para a solução da segunda questão é necessário distinguir de pronto se os elementos desaparecidos, com cuja supressão se veio a alterar a espacialidade do ambiente originário, sejam em si monumentos ou não. Se não constituem monumentos em si, poderá até ser admitida uma reconstituição, pois, mesmo que sejam falsos, não sendo obras de arte, reconstituem, no entanto, os dados espaciais; mas exatamente porque não são obras de arte, não degradam a qualidade artística do ambiente em que se inserem só como limites espaciais genericamente qualificados. O exemplo mais pertinente é dado pelas casas reconstruídas na Praça Navona. Por certo não se exclui com isso que novas obras de arquitetura pudessem ter sido inseridas, mas esse não é um problema de restauração mas, antes, de criação, que não se resolve com base em princípios, mas, sim, com a elaboração, de maneira original, de uma imagem nova.

Se, ao contrário, os elementos desaparecidos tiverem sido em si obras de arte, está absolutamente fora de questão que se possam reconstituir como cópias. O ambiente deverá ser reconstituído com base nos dados espaciais e não naqueles formais do monumento que desapareceu. Assim, deveria ter sido reconstruído um campanário em São Marcos em Veneza, mas *não* o campanário caído; assim, deveria ter sido reconstruída uma ponte, em Santa Trindade em Florença, mas *não* a ponte de Ammannati.

Os princípios e as questões expostas acima abarcam toda a problemática da restauração monumental, pois se relacionam com a especial estrutura espacial da arquitetura. Para todo o resto, a problemática referente é comum àquela das obras de arte; da distinção entre aspecto e estrutura à conservação da pátina e das fases históricas pelas quais passou o monumento.

4. A Restauração da Pintura Antiga[1]

Em linhas gerais, a restauração da pintura antiga – entendendo-se, com tal denominação, a pintura anterior à Idade Média – não representa, no campo da restauração, um ramo tão autônomo como aquele que pode ser, na medicina, a cirurgia em relação às terapias que não implicam intervenções cirúrgicas. A restauração da pintura antiga recai na restauração pictórica pela mesma razão por que as pinturas medievais não se isolam das pinturas renascentistas, barrocas ou modernas. Seria possível, em verdade, contrapor que as pinturas antigas, daquelas do Paleolítico superior até aquelas que constituem

1. Comunicação apresentada no VII Congresso Internacional de Arqueologia Clássica, Roma-Nápoles, setembro de 1958, publicada em *Bollettino dell'Istituto Centrale del Restauro*, 1958, n. 33, pp. 3-8.

a sutura, na área mediterrânea, com o primeiro Califado islâmico, apresentam-se com características técnicas diversas ou supostamente diferentes daquilo que se conhece da pintura posterior ao século VIII, se a esse século, com Pirenne, e não com a deposição de Rômolo Augustulo, quisermos fazer remontar a Idade Média. Mas, mesmo aceitando tal diversidade, não seria justo instituir a restauração das pinturas antigas como uma categoria totalmente à parte na área da restauração pictórica.

Na base da exigência contrária, que não aceitamos, seria possível colocar, como justificativa, a incerteza que ainda hoje reina acerca da técnica usada para as pinturas, seja sobre rocha, seja sobre argamassa, madeira ou tela, a começar do Paleolítico superior até o limiar da Idade Média. Essa incerteza ainda permanece, e permanecerá, acreditamos, por muito tempo, dado que as técnicas de análise científica elaboradas até hoje não oferecem certeza absoluta em relação aos *meios* e às modalidades usadas, e nem as escassas notícias dos autores, mesmo para o período clássico, oferecem um subsídio unívoco, de modo que não se tem jamais a coincidência exata entre o dado documental e a obra remanescente. Disso tudo é demonstração secular a discrepância de opinião a respeito da encáustica, da *kausis* e da cera púnica: discrepância de opiniões, que seria fátuo considerar sanáveis no estado atual com reconstruções engenhosas das técnicas com base nas confusas receitas transmitidas por Plínio, Vitrúvio e por autores mais tardios, até Heráclio ou *Mappae Clavicula*.

Mas a incerteza em relação à técnica das pinturas antigas não nos pode eximir da sua restauração. Digamos mais: quando essa incerteza puder ser resolvida por completo, não é seguro que a restauração terá mais vantagens por isso. Por mais surpreendente que possa ser essa afirmação, é importante verificá-la sublinhando alguns pontos que verdadeiramente devem ser colocados como basilares para a restauração.

O primeiro refere-se à matéria de que é feita a obra de arte, em cuja denominação de matéria incluímos também procedimentos técnicos que levaram à elaboração das diversas matérias objetivando a figuratividade da imagem. Se então se apresentasse no processo de deterioração, decaimento, degradação da matéria, a possibilidade de um procedimento de retrocesso ou de regeneração, não há dúvidas que o conhecimento exato da técnica que levou a uma certa configuração da matéria e da pintura seria fundamental. Desgraçadamente essa possibilidade de regeneração da matéria, de uma reversibilidade no cerne da própria imagem e não *in vitro*, demonstrou-se até aqui quase sempre uma utopia ou, ainda pior, um perigo gravíssimo para a obra de arte. No caso até agora mais afortunado dos procedimentos eletrolíticos para os metais, é inegável que tenha ocasionado também os maiores desastres, de modo que só dentro de um raio restrito e com aplicações atentíssimas e prudentes, consegue-se uma ação de cura não mais milagrosa, mas satisfatória. O mesmo deve ser dito para os procedimentos regenerativos experimentados para os vernizes.

Se os resultados alcançados nesses campos são, pois, modestos, não se deve, ademais, esquecer que eram os campos em que poderia parecer menos árduo o fim proposto, dado que, seja o metal de fusão, seja o estrato do verniz, apresentavam-se como matérias dotadas de continuidade e homogeneidade que os finos e variadíssimos compostos das pinturas estão muito longe de possuir.

Esses compostos, mesmo no âmbito restrito, pelo menos no que se refere à complexidade das novas descobertas da química moderna, que podia apresentar a Antiguidade e a Idade Média, opõem uma tal resistência à análise que ainda, ao se tratar de uma época relativamente próxima como o início do Quatrocentos, não se está de modo algum seguro da técnica – isto é, seja do procedimento, seja do meio usado por Jan Van Eyck –, e que, misteriosamente como surgiu, desapareceu pouco mais de um século depois. Mas quem com base nessa incerteza se recusasse a curar, ou seja, a restaurar as obras flamengas, cometeria tão só um paralogismo.

Naquilo que se refere ao Instituto Central de Restauração, em dois casos tentou-se obter uma regeneração da matéria, excetuando-se desses dois casos tudo aquilo que concerne às técnicas eletrolíticas e aos metais.

O primeiro caso foi aquele pelo qual se tentou obter a reversão, do preto ao branco, do branco-de-chumbo oxidado dos afrescos de Cimabue em Assis: o processo que dava ótimos resultados *in vitro* falhou por completo na realidade da obra.

O segundo referiu-se à reversão do cinábrio enegrecido das pinturas antigas, inconveniente bastante notório desde Vitrúvio. Nesse caso o procedimento, que se pode ver aplicado em algumas pinturas murais da Farnesina (agora no Museu Nacional Romano) deu notáveis resultados do ponto de vista do desaparecimento das zonas enegrecidas. A nosso ver esse resultado, por mais notável que seja, não compensava, no entanto, o enfraquecimento de tom que sempre ocorria nas zonas submetidas ao tratamento, e, por isso, não foi empregado ulteriormente. Mas isso também por uma outra consideração que não entra na apreciação do resultado. Onde, com efeito, a alteração que se produziu na matéria da obra de arte não se apresentar como resultado de um processo ainda ativo e que, por isso, deve ser detido a qualquer custo, mas como um processo já concluído e sem outro perigo para a subsistência da obra, a instância histórica, que deve sempre ser levada em devida consideração no que concerne à obra de arte, exige que não se cancele na própria obra a passagem do tempo, que é a própria historicidade da obra enquanto foi transmitida até nós. Essa, que é a base teórica também para o respeito da pátina das obras de arte e dos monumentos, oferece a referência mais segura para estabelecer o grau e o limite da intervenção na obra de arte, no que tange à sua subsistência no presente e à sua transmissão para o futuro; e isso independentemente da instância estética que, no entanto, tem por direito a preeminência sobre a histórica.

Na realidade, o primeiro princípio da restauração é aquele pelo qual se restaura apenas a matéria da obra de arte. Essa matéria é a matéria efetiva, e não em abstrato, de que é feita a obra de arte; pelo qual, digamos, o bronze do Kouros de Selinunte é de bronze não apenas pelo resultado daquela tal liga, mas também por aquele particular estado atual: donde uma intervenção de restauro é admissível apenas para impedir a sua eventual degradação de que poderia derivar uma ulterior grave danificação da forma. Um bronze, com liga igual que se pode encontrar em estado bruto na fundição, não é o mesmo bronze daquele do Kouros, pois tendo a forma prelação sobre a matéria, a matéria conduzida a uma determinada forma não pode ser considerada no mesmo plano daquela informe, nem mesmo para o tratamento conservativo.

Acontece que o problema que se coloca para as pinturas antigas é da mesma espécie. Não se trata de dar novo frescor às suas cores, nem de levá-las a um hipotético e indemonstrável estado primitivo, mas de assegurar a transmissão ao futuro da matéria de que resulta a concretização da imagem. Não se trata de regenerar, de reproduzir o processo técnico pelo qual as pinturas foram executadas. Para isso, mesmo o conhecimento apenas aproximativo desses processos técnicos não é um obstáculo fundamental para a restauração. Já foi dito que esse conhecimento imperfeito não é um obstáculo fundamental, nem mesmo para a pintura flamenga. Diremos mais: quando esse conhecimento é inteiramente esclarecido, como para o afresco, para a têmpera medieval, ou para a pintura a óleo moderna, seria loucura querer basear o restauro em uma reprodução do processo técnico originário. Nem um afresco se restaura a fresco, nem uma têmpera a têmpera, nem uma pintura a óleo com repintes a óleo. Quando isso é feito, efetua-se um erro grosseiro.

Um segundo preconceito que vige para a restauração da pintura, mas não somente para ela, deriva da falta de distinção entre aspecto e estrutura, indistinção que está na base de boa parte das erradas teorias de restauração, sobretudo nas da restauração arquitetônica, mas também para boa parte da pictórica. Se, com efeito, a imagem conta pela forma que recebeu a matéria e se esta última é apenas o veículo da imagem, claro está que aquilo que será indispensável conservar da matéria, que passou à imagem, consistirá naquilo que determina diretamente o aspecto, enquanto tudo aquilo que constitui a estrutura interna ou suporte poderá ser substituído. Por certo, para a instância histórica, também aquilo que não colabora diretamente para o aspecto da imagem deve ser conservado, mas só quando a conservação integral da matéria-suporte for consentida, por assim dizer, pelas condições sanitárias da pintura. Por isso, nem uma pintura mural cujas condições exijam seu *distacco*[2] deverá ser recolocada sobre uma parede, nem uma pintura sobre rocha deverá ser reposta sobre a rocha. Não apenas

---

2. Procedimento de transposição de pinturas em que se retira a camada pictórica junto com a argamassa. Outras citações de métodos de transposição de pinturas encontram-se na Carta de Restauração 1972, apresentada no final deste volume. (N. da T.)

isso, mas tampouco o suporte rígido será obrigatório porque aquilo que é necessário é manter íntegro o aspecto e nem tanto a estrutura. As pinturas são vistas e não tocadas: é para a vista e não para o tato que se oferecem e são apreciadas.

É necessário, com efeito, considerar que o escopo essencial da restauração não é apenas assegurar a subsistência da obra no presente, mas também assegurar a transmissão no futuro; e dado que ninguém poderá jamais estar seguro de que a obra não terá necessidade de outras intervenções no futuro, mesmo que simplesmente conservativas, deve-se facilitar e não impedir as eventuais intervenções sucessivas. Quando se tratar de pinturas murais cujo estrato pictórico for sutil, a transposição sobre tela é o meio mais simples, mais idôneo e mais adequado para a conservação, não apenas porque não impede nenhuma outra eventual transposição ou aplicação sobre outro suporte diverso, mas porque, qualquer que seja o material rígido escolhido, é sempre aos estratos superpostos de tela que é atribuído o dever do primeiro e direto suporte. Ou pelo menos, nenhum outro sistema mais seguro e mais cômodo foi excogitado até agora. O importante é assegurar uma tensão constante com o variar das condições atmosféricas: isso foi alcançado de um modo automático com o novo sistema excogitado pelo Instituto Central de Restauração, que pode ser visto aplicado para a Tumba dos Atletas, há pouco tempo removida de Tarquinias. Mas também quando o sistema de tensão devia ser regulado de vez em vez, obtiveram-se resultados satisfatórios, confirmados – sem que o Instituto, a bem dizer, quisesse essa nova prova – pelas viagens que duas das tumbas tarquinienses realizaram para a Exposição Etrusca: de fato, a volta da Europa.

Na realidade, se quisermos salvar a pintura antiga, deveremos expandir ao máximo o seu *distacco*. A demonstração disso é dada não apenas pelas pinturas pompeanas e herculanenses destacadas desde os tempos bourbonísticos e conservadas no Museu de Nápoles – enquanto a maior parte daquelas encontradas no mesmo período está agora deteriorada ou destruída –, mas também pela aceleração, em parte explicável, em parte inexplicável, que ocorreu nas últimas décadas, na deterioração das pinturas murais, sejam elas clássicas, medievais ou modernas.

Naturalmente, nem sempre para as pinturas antigas é praticável a transposição sobre tela. Pode-se dizer, antes, que para quase todas as pinturas parietais romanas, em casos em que se deve retirar mais do que a película superficial, é necessário servir-se de suportes rígidos, pois o peso do estrato pictórico que deve ser salvo não permite que seja confiado apenas aos estratos de tela. Mas é sempre com um certo pesar que se deve recorrer ao suporte rígido, pois ele permite apenas extensões limitadas, enquanto a tela consente extensões praticamente ilimitadas.

Quando efetuamos o *distacco* das pinturas da Vila de Lívia em Prima Porta, conseguimos dividir as paredes em apenas seis grandes painéis; foi de fato difícil e arriscado. Se tivesse sido possível simplesmente aplicá-las na tela, cada parede teria tido apenas um painel. Entretanto, o Instituto é terminantemente contrário ao uso de novos materiais sintéticos ou mesmo de aglomerados, prensados e assim por diante, de que existe uma experiência de apenas poucos quinquênios. Antes de substituir um material de longo uso de que se tenha a experiência de séculos e de que, por isso, se conheçam bem tanto os defeitos quanto as qualidades, deve-se ter certa prudência que não será jamais excessiva.

Foi dito, de modo ponderado, que a experiência aconselharia a remoção extensiva das pinturas parietais antigas: acrescentemos agora que essa remoção também deveria ser feita para as pinturas em boas condições, dado que a ação de restauro não é taumatúrgica e é lógico que tenha interesse, sobretudo, em conservar as pinturas em bom estado. Mas, apesar de nos últimos anos muitas resistências se terem abrandado em função da atemorizante aceleração do perecimento das pinturas murais, continua-se, na realidade, a requerer o *distacco* apenas em casos de extrema urgência, com operações precipitadas que, como para o corpo humano, são por certo as mais arriscadas. Além do maior risco e das incógnitas atemorizantes que a operação de urgência comporta, existe ainda um elemento basilar que não é tido em consideração e que é, ao contrário, necessário enfatizar.

Pode-se dizer que noventa e nove por cento dos casos de perecimento das pinturas murais é determinado pela umidade e esta, seja por capilaridade, por infiltração ou por condensação, é quase sempre ineliminável. Ora, a ação secular da umidade produz uma desagregação da consistência da pintura mural, desagregação cujo mecanismo físico ainda não está claro, mas nem por isso é menos indubitável. A cor que perde a sua consistência e se torna polvorenta ou mole como um pastel, com essa alteração e ademais com a própria umidade, adquire tonalidade diversa: por isso quando na restauração se é obrigado a fixá-la – e a isso tende substancialmente a restauração – a tonalidade da obra restaurada será por certo diferente, mas nem tanto por causa do ligeiro aumento de tom que qualquer fixador, alguns mais outros menos, tende a provocar, mas por causa da refração diversa da luz que se produz em uma superfície enxuta e compacta em relação à mesma superfície polvorenta e úmida.

Por isso, seria ingênuo ou capcioso sustentar, por exemplo, para as pinturas murais tumbais, que a sua verdadeira tonalidade é aquela que se vê hoje em dia nas tumbas violadas e invadidas pela umidade, seja de infiltração, seja de condensação. Vice-versa, é exatamente aquela tonalidade mais viva, onde seja mais viva, que é forçada, por assim dizer, pelas condições atuais. O fixador usado nesses casos pelo Instituto foi a goma-laca branca e purificada, que proporciona um aumento de tom mínimo, além de permitir, contrariamente àquilo que se crê, a remoção em superfície.

Os problemas que abordamos eram por certo os mais urgentes: *distacco*, suportes, fixadores. A limpeza não é argumento menos importante, mas necessita que se aprofundem particulares técnicos específicos que especializariam de modo excessivo essa exposição que forçosamente se deve ater às linhas gerais. Quanto às integrações, o problema não se coloca, de modo algum, de maneira diversa em relação às obras de arte de outras épocas: também aqui se realiza, conforme o caso, o restauro sem integrações, e as integrações deverão ser sempre reconhecíveis a olho nu. Sobre um ponto é necessário deter-se, apesar de muito particular: refere-se ao uso da cera para *refrescar* a superfície das pinturas murais. Utilizamos propositadamente esse nefasto verbo "refrescar", causa de tantas ruínas: a vontade de dar novo frescor e o uso da cera se equivalem.

Uma interpretação apressada da *ganosis*, da *kausis* e da *cera púnica*[3] deve ter estado na base do uso de espalmar com cera as pinturas antigas: e, depois das anti-

---

3. Os procedimentos para acabamento e proteção de obras de arte na Antiguidade foram citados por vários autores clássicos, dentre os quais Plínio e Vitrúvio (em especial no livro VII). Michelangelo Cagiano de Azevedo faz uma análise comparativa desses procedimentos através de escritos que se sucederam ao longo dos séculos e do exame de obras no artigo "Conservazione e Restauro presso i Greci e i Romani", *Bollettino dell'Istituto Centrale del Restauro*, 1952, n. 9-10, pp. 53-60. No que se refere especificamente à *ganosis* (palavra que vem do grego, γάνωσις, ação de dar brilho) e a *kausis* (também palavra grega, καυσις, ação de recobrir com cera quente) informa o autor (p. 56): "[...] 'ganosis' – ou encausticar ou envernizar com cera – estátuas marmóreas. Antiquíssima é a prática dessa lustração de estátuas [...]. A operação era bastante simples. Sobre cores a têmpera, era espalmada cera líquida, depois lustrada mediante fricção com um pano. Para as estátuas de argila, recorria-se a espalmar o mínio, que, em particular para as figuras expostas às intempéries, garantia uma proteção bem mais eficaz do que a da cera.
Um procedimento muito similar era aquele que se aplicava para as pinturas murais, que em vez de se chamar 'ganosis', tinha o nome de 'kausis'.

gas, também as medievais e modernas. Em um segundo tempo, a fé ilimitada na cera, professada por escolas nórdicas de restauração para operações, além do mais bastante diversas, reatiçou o uso. Para as pinturas murais, o uso da cera ou também da parafina é por certo deletério e não se fará jamais o suficiente para extirpá-lo. Onde quer que tenham sido utilizadas cera ou parafina ocorre um amarelamento e uma opacificação e se as pinturas permanecem sobre o suporte originário a cera não apenas não detém as eflorescências de salitre ou de carbonato de cálcio, mas ao entrar em reação com elas, agrava-as, fornecendo, assim, um ótimo terreno de cultura para o mofo, em vez de preservar o estrato pictórico. Por fim, a remoção da cera e da parafina não ocorre jamais por completo e, de qualquer modo, requer solventes muito fortes. Impedir a transpiração natural da superfície de uma pintura mural é sempre um erro gravíssimo: uma limpeza benfeita evitará a aplicação de estratos uniformes de cera ou resinas. Assim como não se dá novo polimento a uma estátua, não se deve forçar uma pintura antiga a retomar de modo fugaz e fictício aquela forma luzente que teve, se a teve.

A famosa passagem do livro VII de Vitrúvio forneceu, a partir do século XVIII, ampla matéria para filólogos e artistas, cada um preocupado em harmonizar o texto com a observação empírica das pinturas remanescentes [...]. Uma vez feita a fresco a pintura – mas se por acaso [...] a pintura era a têmpera o procedimento não mudava – espalmava-se sobre ela cera que depois era lustrada, esfregando-se com panos. Se a pintura estivesse a céu aberto a cera se alteraria com muita rapidez a ponto de requerer em breve espaço de tempo a repetição da operação; mais raramente isso ocorria no coberto." (N. da T.)

Falamos de pinturas murais porque desgraçadamente são raríssimas as pinturas não murais que restaram da época clássica e da primeira Idade Bizantina, e cada um desses problemas representa um problema em si, que não permite generalizações. Talvez o mais insigne entre esses escassos exemplos, qualquer que seja a idade que lhe é atribuída, entre o século V e o século VIII, foi de fato objeto de uma recente e minuciosíssima restauração e está exposto no Instituto: a Madona da Clemência de Santa Maria in Trastevere. Como é uma das raras pinturas a encáustica remanescente, colocou novos e delicados problemas para cuja solução os cientistas colaboraram tanto quanto os restauradores. No que se refere às miniaturas sobre pergaminho, essa é uma das áreas entre as menos cultivadas da restauração, o que é lamentável: os fixadores representam um problema ainda mais árduo do que para as pinturas murais e como foi possível constatar na reunião do Icom[4] em Amsterdã, não existe nenhum consenso na matéria. O Instituto continua a executar muitas experiências com bons resultados, mas o *optimum* está ainda bastante longe. Não se insistirá nunca o bastante sobre a necessidade de não alisar, de modo algum, as folhas de pergaminho com iluminuras: ainda se lamenta pelo Códice purpúreo de Rossano. Não façamos outras desgraças do gênero. Sobre essa nota de prudência e circunspecção gostaríamos de encerrar a nossa contribuição.

---

4. International Council of Museums, órgão ligado à Unesco. (N. da T.)

5. A Limpeza das Pinturas em Relação à Pátina, aos Vernizes e às Veladuras[1]

As recentes e ásperas polêmicas sobre a limpeza das pinturas serviram apenas para polarizar as posições recíprocas dos defensores da limpeza totalizadora e dos partidários da pátina. Desgraçadamente, uma vez que um quadro tenha sido limpo de modo total, deixando sobreviver apenas o extrato de cor na pasta da tinta, é impossível julgar se de fato foram extraídas veladuras, se ainda se conservava pelo menos uma parte do verniz antigo, se, enfim, uma pátina, mesmo que escura, não seria preferível à superfície pictórica lavada e estridente evidenciada pela limpeza.

1. Texto do artigo publicado em inglês na *Burlington Magazine*, julho de 1959.

Os defensores da limpeza a fundo começam com uma crítica ao conceito de pátina: acusam-no de ser um conceito romântico, ou seja, de trair uma sobreposição emocional em relação à pintura, sobreposição que coincidiria com a inclinação romântica pelos sentimentalismos, ruínas, mistério, luz do crepúsculo e assim por diante. É importante refutar de pronto essa liquidação apressada do conceito de pátina. A pátina, mesmo que tenha sido promovida de forma artificial e exagerada na época romântica, não foi uma *invenção* romântica. Em 1681, quando nem mesmo os historiadores mais confusionistas poderiam falar de romanticismo em plena época barroca, Baldinucci assim definia a *Patena* (pátina) no seu *Vocabolario Toscano dell'Arte del Disegno*[2]: "Verbete usado por Pintores, que a chamam, outrossim, pele, e é aquele universal escurecimento que o tempo faz aparecer sobre as pinturas, que, mesmo, algumas vezes as favorece". A definição é de tal modo precisa que ainda hoje pode ser, de todo, aceita. E note-se: é devida a um escritor toscano que se vale da prática e da teoria da pintura como se verificava na Toscana, na intelectualista e artística Florença. Não provém de um vêneto ou de um toscano, como Aretino, que se vale da experiência pictórica veneziana e a antepõe àquela florentina. Ao contrário, a pintura toscana barroca é notabilizada mesmo hoje por uma violência acre de cores que não faria supor o es-

---

2. Cf. F. Baldinucci, *Vocabolario Toscano dell'Arte del Disegno*, Firenze, 1681, p. 119.

crúpulo pela pátina nos pintores do tempo. Mas nem sequer se poderia considerar a pátina como um conceito da era barroca. Já Vasari, no *Trattato della Scultura*[3] transmite até mesmo as receitas das *pátinas artificiais* que em seu tempo se aplicavam ao bronze. Também isso convida à reflexão. Se a sensibilidade dos artistas do Renascimento se afastava, para o bronze, do brilho do novo, daquela prepotente jactância da matéria nova, seria possível que não se buscasse igualmente atenuar a virulência descarada da cor, o fausto demasiado evidente das terras, lacas, ultramarinos? A prevalência da matéria sobre a forma se dá toda em prejuízo da forma: a matéria, na obra de arte, deve ser trâmite para a imagem, não é jamais a própria imagem[4]. Para chegar a essa conclusão não é necessário, no entanto, partir de uma tese de estética, basta a atenta sensibilidade do artista que bem sabe que não pode, nem quer, confundir-se com o artesão. A obra de arte em que a matéria triunfa é obra artesanal: será a joia, o vaso, o prato, mas não será nem o quadro nem a estátua. O ofício da pátina nos revela então isso: atenuar a *presença* da matéria na obra de arte; reconduzi-la ao seu ofício de trâmite, detê-la no limiar da imagem de modo a que não o ultrapasse com uma inadmissível prevaricação sobre a forma.

É importante sublinhar que as considerações precedentes manteriam também o seu valor mesmo se se pudesse demonstrar que as cores das pinturas antigas se

---

3. Vasari-Milanesi, *Trattato della Scultura*, Firenze, 1906, vol. 1, p. 163.
4. A nossa argumentação é um corolário da teoria da arte que sustentamos em *Carmine o della Pittura, op. cit.*

conservaram tal e qual foram aplicadas pelo artista e que, sobretudo, mantêm, sob a pátina, o mesmo equilíbrio originário. Essa proposição, que os defensores da limpeza a fundo devem forçosamente presumir como uma verdade apodíctica, é uma suposição de todo arbitrária; não é apodíctica, é incontrolável.

O último refúgio dos defensores da limpeza totalizadora está, então, na hipótese de que com o nome de pátina se queira designar a sujeira, os vernizes acumulados com os séculos e assim por diante. É precisamente para dissipar as dúvidas e encorajar os incertos, que temos o prazer de trazer três importantes testemunhos, dos quais resulta que aquilo que chamamos *pátina* pode ser o mais das vezes demonstrado e consente ou veladuras ou vernizes coloridos. Os nossos exemplos serão os mais díspares e distantes entre si, de modo a não implicar nem uma escola restrita, nem um artista esporádico. Trata-se de casos verificados no Instituto Central de Restauração de Roma, onde se foi sempre contrário à limpeza excessiva e onde, como uma recompensa, aquele que subscreve o artigo pôde, enfim, encontrar a demonstração indubitável da justeza do método seguido.

Examinava-se a superfície da *Coroação* de Pesaro, de Giovanni Bellini, que uma anterior e mal-aventurada restauração havia manchado por completo na tentativa, por sorte interrompida pelo meio, de uma limpeza integral, quando pude observar que ao redor da cabeça de São Pedro o incauto restaurador antecedente havia retirado, na tentativa de limpeza, também o ouro colocado com pincel com traços sutis sobre a pintura já acabada. Foi possível, então, que todos notassem que, precisamente onde havia a abrasão do ouro, continuava a aflorar sobre o céu aquele estrato de verniz escuro que, se fosse posterior, deveria ter sido retirado junto com o ouro. Essa observação peremptória induziu-me a excluir do modo mais absoluto a remoção do verniz, que, ao contrário, era muito recomendada pela literatura sobre o tema e por estudiosos que vieram em visita[5].

Mas a confirmação definitiva da observação deveria vir da partição da predela representando São Terêncio. Também aqui o restaurador antecedente havia tentado retirar o verniz dourado em um ponto, próximo aos degraus do Santo e eis o que resulta disso: Bellini havia pintado com *a pasta* da tinta[6] apenas as linhas diretivas da perspectiva e acrescentado como *veladura* as subdivisões dos blocos e as cavilhas de bronze – como no uso romano – entre os blocos. Tudo isso havia sido *fixado* com um verniz muito espesso que era impossível de remover sem retirar também as partes acrescentadas como *veladura*. Examinando-se o verniz, verificou-se que era composto de uma resina dura com traços de uma *laca vegetal amarela*[7]. Ou seja, Bellini serviu-se de um verniz colorido para *dar o tom* em toda a pintura.

Essa desconcertante descoberta fazia recolocar em discussão todo o problema da *veladura* e das limpezas de pinturas.

5. Veja-se por exemplo C. Gamba, *Giovanni Bellini*, Milano, 1937, p. 76e.
6. Em italiano *a corpo*, ou seja, na própria pasta da tinta, utilizando o pincel saturado de tinta. (N. da T.)
7. A análise foi executada pelo Dr. Liberti, diretor do gabinete de química do Instituto Central de Restauração.

O que é a *veladura*? É, claramente, um estágio do acabamento de uma pintura, um véu de cor que serve para corrigir ou alterar tanto uma tonalidade local, quanto uma tonalidade geral. É, se quisermos, um expediente, um meio de última hora, um ingrediente interno e secreto. Como *expediente* não devia ser facilmente confessado. Afastava-se da prática oficial da pintura. Por mais que as pesquisas que fizemos na literatura relativa ao assunto não possam ser consideradas completas, cremos, no entanto, que o termo tenha sido indicado pela primeira vez por Armenini[8]. O que resulta de grande importância dado que Armenini espelha uma prática toscana e romana, não vêneta. Baldinucci deu depois a definição[9]: "*Velar*. Cobrir com véu. Junto aos nossos artistas, velar significa tingir com pouca cor e muita têmpera (ou como se diz vulgarmente aquoso ou longo) o colorido em uma pintura sobre tela ou madeira, de modo que ele não se perca de vista, mas permaneça um tanto mortificado e agradavelmente escurecido, quase como se tivesse sobre si um sutilíssimo véu". Ao ler um texto similar, de 1681, nos questionamos se maior é a inconsciência ou a ignorância de quem não se preocupou até agora com as veladuras a não ser, e de forma descontínua, para pinturas vênetas do Quinhentos. Mas é verdade que por mais que tenha sido apresentada de modo tão explícito por Baldinucci, a *veladura* conti-

8. G. B. Armenini, *Dei veri precetti della pittura* [1587], Pisa 1823, p. 140: "Mas nos esboços dos panejamentos que devem ser velados..."; e p. 141: "mas retorno aos panejamentos que devem ser destinados a velar..." com todas as explicações técnicas que seguem.
9. *Vocabolario Toscano, op. cit.*, p. 174.

nuou a sua existência quase ilegítima e omissa na pintura. Não é por acaso que o Dicionário da Crusca[10] nem ao menos cita o vocábulo e que só compareça no Dicionário de Tommaseo. Mas muito antes de Tommaseo, encontra-se em Milizia, no Dicionário de 1827, e com uma abundância de particulares e de receitas que demonstram muito bem a vida florescente, apesar de escondida, que a veladura havia levado nos *ateliers* dos pintores[11]:

Veladura. É um estrato de cor ligeira que se aplica em especial na pintura a óleo para *velar* e fazer transparecer a tinta que está embaixo.

Alguns pintores *velam* à primeira; assim fazia Rubens e a sua escola. Desse modo, as *veladuras*, empregadas sobre fundos bem secos são duráveis, ligeiras e dão profundidade à tinta.

Outros, a exemplo da antiga escola veneziana, dão sobre o primeiro estrato a veladura com tintas diversas para harmonizar a obra e remediar os defeitos que sobraram do primeiro estágio.

Esse método é funesto para o quadro porque a veladura impede a evaporação dos óleos do primeiro estrato ainda fresco e se forma uma crosta de um amarelo enegrecido. Etc.

Como se vê, ainda no início do Oitocentos se sabia muito bem o que era a veladura[12] e como os venezianos e

10. Brandi refere-se à Accademia della Crusca, surgida em Florença em 1582-1583 e desde então um dos mais eminentes centros de pesquisas sobre a língua italiana. A principal obra da academia é o dicionário, cuja primeira edição apareceu em 1612. (N. da T.)
11. F. Milizia, *Dizionario delle Belle Arti del Disegno*, Bologna, 1827, vol. 2, p. 514.
12. O termo *veladura* traduz-se em inglês por duas palavras: *glaze*, como estrato escuro sobre o claro, e *scumble*, como estrato claro sobre o escuro.

Rubens a haviam empregado. Quem então, ao limpar um Rubens, chegou ao ponto de mostrar a cor nua e crua do fundo, não se convencerá de tê-lo arruinado para sempre? Além do mais, não é difícil retraçar na literatura mais antiga as premissas teóricas da prática da veladura.

Naquilo que concerne à escola veneziana, a demonstração que se ofereceu com Bellini e com um quadro de época tão antiga, em parte ainda à maneira de Mantegna, coaduna-se perfeitamente com o conceito da cor que os próprios tratadistas vênetos desenvolveram. O *tom* não é uma invenção crítica moderna, espelha, em termos críticos atualizados, a própria visão dos coetâneos de Tiziano. Escutemos Pino[13]: "...cada uma das cores, isolada ou composta, pode atingir variados efeitos e nenhuma cor serve, por propriedade sua, para fazer um mínimo do efeito do natural..." em que é clara a diferença que Pino quer fazer entre a *cor física* e a cor da *imagem pictórica*. Com uma distinção tão precisa como se poderia ter tentado acentuar a *matéria* da cor em detrimento de sua diluição sem resíduos na imagem? Mas em Pino existe uma passagem ainda mais típica: "...procurar, sobre o todo, unir e acompanhar a diversidade das tintas em um corpo só". Essa, que é a precognição crítica do tom, torna-se, para a técnica, o próprio suporte da veladura: aquele *corpo só* será obtido

---

Em francês o termo mais próximo é *glacis*. Em alemão, tem-se *Glasur*. Com tudo isso, não se tem, naturalmente, uma coincidência exata dos termos supracitados com a *veladura* que, como conceito amadurecido na prática e na preceituação italiana, se aconselharia manter no vocábulo italiano.

13. P. Pino, *Dialogo di Pittura* [1548], Venezia, Pallucchini, 1946, pp. 109 e 108.

apenas com a veladura. Mas essa distinção entre a *cor física* e a *cor da imagem* não aparece somente em Pino; pouco depois se encontra de modo explícito em Dolce[14]:

> Nem creia alguém que a força do colorido consista na escolha das belas cores, bem como de belas lacas, belos azuis, belos verdes e similares; dado que essas cores são igualmente belas, sem que sejam empregadas; mas [sua força reside] no saber manejá-las de modo conveniente.

Donde não se pode ter dúvida de interpretação. A materialidade da cor devia desaparecer e para fazê-la desaparecer de modo que a cor fosse reabsorvida na imagem havia a ajuda secreta, complacente e quase invisível da veladura, o acabamento final. De resto, a composição dos vernizes antigos, em que entrava amiúde o *óleo de pedra*, ou seja, a nafta, indica de forma clara que se requeria dos vernizes não apenas, como disse Baldinucci[15], que aquelas partes da pintura que "por qualidade e natureza da cor tivessem ressecado, retomem o lustro e desvelem a profundidade dos escuros", mas também uma unificação geral de tom, dado que por certo não poderia então existir um *óleo de pedra* transparente como a água, e os vernizes assim obtidos davam por si próprios um véu uniforme.

Permaneceria aberta, no entanto, a questão para a pintura anterior ao Quinhentos.

---

14. L. Dolce, *Dialogo della Pittura* [1557], Firenze, 1735, p. 222.
15. *Vocabolario Toscano*, op. cit., p. 180; veja-se também a p. 110 em que é definido o *óleo de pedra* "chamado também nafta (Plínio II, 18) ou óleo petróleo... Encontra-se esse óleo no Estado de Módena..."

Estava-se restaurando, no Instituto de Restauração, a *Madona* de Coppo di Marcovaldo, atribuída, por tradição, a 1261. A assinatura e a data, recordada no guia conhecido como de Alexandre VII, de 1625, haviam depois desaparecido sem deixar traços, tanto que em 1784, Faluschi atribuía essa obra sobre madeira a Diotisalvi Petroni. Ora, removida a moldura setecentista, encontrou-se embaixo a antiga moldura, quase em perfeito estado, com a data e a assinatura e com um estrato de verniz espesso. Era claro que esse verniz devia ser anterior ao remanejamento setecentista da obra, mas como ela não portava traços de restaurações intermediárias entre o tempo do repinte feito por alguém do círculo de Duccio e o restauro-nódoa setecentista, tudo levava a crer que se tratasse ainda do verniz originário. Cennini fala, expressa e minuciosamente, do envernizamento das obras sobre madeira, de um modo tão explícito que onde se encontre em um primitivo um verniz recobrindo o ouro, pode-se excluir, em geral, que se trate de verniz originário, que não teria sido aplicado também sobre o fundo de ouro. Com efeito, no Setecentos havia sido aplicado um novo estrato de verniz[16] sobre toda a pintura, compreendido o fundo de ouro e esse estrato foi removido – e, note-se bem, *a seco* – sem atingir minimamente o estrato do verniz antigo que se encontrou uniformemente embaixo. Mas se poderia

---

16. Pelas análises realizadas pelo Dr. Liberti, resulta que o verniz encontrado na moldura original era composto de uma resina não muito dura, do tipo da Dammar, enquanto o verniz sobreposto no Setecentos em toda a pintura era composto de uma resina dura, tipo "copal".

sempre objetar que aquele verniz está agora amarelado e que altera os tons, donde deveria ser igualmente removido. Era necessário, então, poder demonstrar que Coppo di Marcovaldo não queria, de modo algum, manter nas cores o áspero esplendor da cor pura e que, ao contrário, havia buscado *expressamente velá-las*. A pintura deveria oferecer plena confirmação para a nossa hipótese. Quando foi retirada a nódoa setecentista do véu da Madona, ornado com círculos com as águias, surgiu um amarelo-canário que para um não especialista poderia levar a crer que fosse apenas um *amarelado*, e não o branco que deveria ser. Mas o exame atento de algumas arranhaduras (que na restauração se tornaram visíveis) demonstrou que Coppo havia, antes, pintado as sombras azuis sobre a camada preparatória branca, mas velando o todo com um verniz transparente e colorido sobre o qual havia pintado depois os círculos com as águias. Note-se: "verniz transparente e colorido". Entretanto, tinha-se aqui também a demonstração que o *véu* devia ter sido originariamente colorido porque quando o seguidor de Duccio (que foi, talvez, Niccolò di Segna) repintou o vulto da Madona e do Menino Jesus, acrescentou por baixo um outro véu *branco* na Madona que não teria tido sentido se o véu mais antigo fosse também ele branco. Em seguida, a pintura ofereceria outras surpresas. Tanto o manto como o vestido da Madona resultavam pintados sobre um fundo de prata, que não representava um *pentimento*, mas o substrato para cores igualmente previstas em transparência, como nos futuros esmaltes translúcidos.

Do mesmo modo do véu, havia sido pintado o pano que a Madona tem na mão embaixo do Menino Jesus, com as sombras em transparência, o verniz colorido e os bordados sobrepostos. De qualquer forma, era ainda mais espantosa a almofada do supedâneo porque ela, composta primeiramente de quadriculado regular e muito vivaz, havia sido depois coberta na parte mediana e *in luce* com um verniz amarelado e nas partes que deveriam sugerir o relevo e a sombra, com um verniz vermelho-rubi transparente, de modo a obter um típico efeito de cor mutável. Desse modo, demonstrava-se *lippis et tonsoribus* que Coppo se tinha servido de cores puras só para a primeira fase, para a preparação da pintura, que depois havia sido toda completada por meio de veladuras e de vernizes coloridos.

Desse procedimento extraordinário, encontraríamos a explícita confirmação na *schedula* do monge Teófilo, texto bem conhecido e explorado em toda a Idade Média europeia. No capítulo XXIX "De pictura translucida"[17], Teófilo explica o procedimento de que a pintura de Coppo é a aplicação mais ampla e integral:

> *Fit etiam pictura in ligno, quae dictur translucida, et apud quosdam vocatur aureola, quam hoc modo compones. Tolle petulam stagni non linitam glutine nec coloratam croco sed ita simplicem et diligenter politam, et inde cooperies locum, quem ita pingere volueris.*

---

17. Citamos da velha edição de Leipzig de 1834: Teófilo (*Diversarum Artium Schedula*) *Essai sur divers arts*, cap. XXIX, p. 48.

Deinde tere colores imponendos diligentissime oleo lini, ac valde tenues trahe eos cum pincello, sicque permitte siccare[18].

A única diferença entre Teófilo e Coppo está no fato de Coppo ter usado a prata em vez do estanho e de ter *estendido* o procedimento a todos os estratos de cor. Daquilo que precede resulta que também para os primitivos era necessário ter presente a eventualidade dos vernizes coloridos aplicados com função de veladura e que em vez de presumir a excepcionalidade do procedimento, deve-se partir da suposição contrária: em primeiro lugar, considerar sempre a instância da veladura.

Nem se deve acreditar que ela deva necessariamente se apresentar com vernizes espessos e muito coloridos como se nota de forma prevalente em Coppo[19]. Um terceiro exemplo, a pintura de Benozzo Gozzoli de 1456 da Pinacoteca de Perugia, oferece um testemunho extensíssimo de *veladuras* aplicadas sem vernizes e não de modo uniforme sobre todo o quadro, mas com tonalidades variadas para obter uma morbideza ou uma variação das tintas locais. O interesse da pintura de Perugia, do ponto de

---

18. "Também para a pintura sobre madeira se faz aquela denominada translúcida, e por alguns chamada auréola, que do seguinte modo é composta: pegue uma folha de estanho sem empregar a cola e nem colorir com açafrão, mas simples e diligentemente polida e do seguinte modo cobrirá o local que desejará pintar. Misture cuidadosamente as cores no óleo de linhaça e, então, aplique-as muito tênues com pincel e depois as deixe secar." (N. da T., que agradece Yvonne M. Metzger pela revisão das traduções do latim neste livro.)
19. Também na pintura de Coppo se notam claramente veladuras aplicadas apenas com cor diluída e transparente, como, por exemplo, nas pregas do tecido que faz papel de espaldar no trono da Madona.

vista da restauração, reside em primeiro lugar no fato de não ter sido jamais envernizada, ou, se o foi, deve ter sido envernizada com um verniz ralíssimo. O caso não é raro para as pinturas das escolas toscana e umbra: várias obras de Neroccio, de Francesco di Giorgio, de Boccati encontram-se ainda nesse estado, que talvez nem fosse intencional, mas decorria do fato de a prática exigir que se transcorresse pelo menos um ano antes do envernizamento. As pinturas, logo entregues ao comitente, puderam permanecer, então, sem verniz. De todo modo, no que concerne à pintura sobre madeira em questão, de Gozzoli, existia apenas um estrato opaco, como uma névoa, devido, por aquilo que se pôde examinar, a uma demão de parafina que em um tempo não precisado deve ter sido aplicada na pintura para *reanimá-la*. Havia também várias gotas de cera que, removidas, tinham resultado no *destaque*. Mas não no desprendimento de toda a pintura, mas, sim, da veladura com a qual Gozzoli havia alcançado a cor final. O manto da Santa resultava, assim, em sua origem, *preparado* com rosa e *sucessivamente* velado com azul tênue de modo a se tornar violeta. O manto azul da Virgem é velado com verde e embaixo revela ainda um *incorruptível* lápis-lazúli. Em suma, não existe nem mesmo um vestido pintado nesse quadro que não tenha sido obtido com uma veladura ligeiríssima. Decorre disso, a delicadeza extrema de uma limpeza, em que se deveria remover a resina opaca sem atingir a delicadíssima veladura que não era protegida por um estrato de verniz. Mas o resultado, diga-se de passagem, foi ótimo.

Podemos então concluir de modo breve: dada a demonstração que em qualquer época e em qualquer escola, na prática assim como na literatura relativa, resulta inegável a existência de veladura e de vernizes coloridos, deve-se revirar a prática difusa para as limpezas e dar sempre como presumida a presença de *veladuras* e de *vernizes antigos*, com a obrigação de todas as vezes *demonstrar* o contrário. Deriva disso, ademais, que também quando se puder demonstrar a inexistência de vernizes antigos e de veladuras, permanece sempre em aberto a possibilidade que tenham sido removidos em restaurações precedentes e que, por isso, seja sempre mais conforme ao pensamento do artista a pintura com uma pátina adquirida com o tempo do que aquele *desvelado* que se obteria com a sua remoção[20].

20. A tese aqui expressa foi por mim defendida e ilustrada em uma série de conferências realizadas em maio de 1948 no Museu de Bruxelas, no Louvre, na Universidade de Estrasburgo, na Museumsgesellschaft de Basileia; e, sucessivamente, no congresso do Icom em Paris em junho de 1948. Os dados sucintos relativos às restaurações de que se fala no texto estão no *Catalogo della V Mostra di Restauri* realizada no Instituto Central de Restauração em março de 1948. Depois que este ensaio já estava na gráfica, o Dr. Cagiano de Azevedo chamou minha atenção para a seguinte receita de um verniz colorido que remonta ao século XV: "para fazer um verniz líquido de outro modo, pegue uma libra de sementes de linho e coloque-as em um recipiente novo e vidrado. Depois, tome meio-quarto de alume de rocha pulverizado e uma quantidade igual de mínio e de cinábrio moídos finos e meia onça de incenso bem triturado; em seguida, misture todas as coisas juntas e as coloque no dito óleo e as ferva". (Cf. O. Guerrini e C. Ricci, *Il Cebro dei colori, Segreti del sec. XV*, Bologna [1887], p. 164). Isso prova não apenas que o verniz colorido era usado na Itália no século XV, mas que a receita era, ademais, conhecida.

6. *Some Factual Observations About Varnishes and Glazes*[1]

Esse título que em italiano soa "Alcune Osservazioni di Fatto Intorno a Vernici e Velature"[2] é o título que Neil Mac Laren e Anthony Werner deram a um artigo seu publicado no número de julho de 1950 na *Burlington Magazine*, título que retomamos de bom grado visto que o artigo supracitado é pensado, arquitetado e escrito na desesperada tentativa de refutar um precedente artigo nosso publicado na mesma revista (de julho de 1949) com o título "The Cleaning of Pictures in Relation to Patina, Varnish and Glazes"[3]. Dissemos, e não para dramatizar, "na desesperada tentativa": na realidade a contenda

---

1. *Bollettino dell'Istituto Centrale del Restauro*, 1950, n. 3-4, pp. 9-29.
2. "Algumas Observações Factuais sobre Vernizes e Veladuras". (N. da T.)
3. O texto está publicado no apêndice 5 deste livro. (N. da T.)

se dá nem tanto por uma plausível diversidade de visões sobre um mesmo argumento (o que na ausência de qualquer precedente polêmico entre as pessoas em causa teria favorecido uma exposição muito mais circunspecta e leal), mas por uma defesa, *in articulo mortis*, das desgraçadas "limpezas" da National Gallery de Londres, que foram sustentadas até agora do alto de princípios apodícticos, em que nosso artigo indiretamente desferia um golpe mortal. Assim se explica o inexplicável tom do artigo que pretende negar de um só golpe a Estética e a Lógica, arrogando a si a certeza confiante da Revelação, com base em textos históricos interpretados e reportados *ad libitum*, com críticas tanto imprudentes quanto inconsistentes. Foi contra isso que de pronto nos contrapusemos em uma carta à *Burlington*, publicada no número de outubro de 1950. Se agora voltamos ao argumento, com bem outra extensão, é para documentar, antes, passo a passo, do modo mais exaustivo e decididamente minucioso, a inconsistência das críticas que nos foram dirigidas, a falta de fundamento, seja estético, seja histórico, da tese que nós contestamos, a interpretação tendenciosa, a contínua solicitação dos textos que os artigos supracitados invocam, isso quando não se trata de simples suposições.

As teses em oposição, *aparentemente*, se reduzem ao campo da limpeza das pinturas, aos enunciados empíricos da necessidade de uma limpeza total e à *oportunidade* de uma limpeza parcial. A redução da controvérsia a esses termos empíricos beneficia sem dúvida alguma os defensores da tese da limpeza total, que se autodefinem cientistas e pretendem confinar a própria discrepância na opinável esfera do *gosto pessoal*. Entretanto, a redução do antagonismo a esses termos rudimentares tende mais do que a *velar*, a *esconder* os pressupostos teóricos do problema, que subsistem a despeito dos empíricos, que calando sobre a premissa maior do silogismo, creem ter suprimido a necessidade lógica e pretendem desinteressar-se dela. Mas o *entimema* que eles assim produzem, transforma-se, nada mais nada menos, no notório sofisma da "falsa premissa".

É claro que qualquer intervenção relativa à obra de arte pictórica não pode prescindir do fato que essa *pintura* é arte e que como tal se apresenta com dois aspectos fundamentais, não suprimíveis e não cindíveis, de *obra de arte* e de *fato histórico*, de modo que na sua material consistência física não se pode e não se deve ver outra coisa a não ser o meio pelo qual uma imagem se revelou e um momento da história se fixou em um monumento da espiritualidade humana. Dado que a premissa supracitada é inegável – caso contrário, seria negado aquilo que faz a obra de arte ser arte, negando, portanto, o próprio problema da restauração como intervenção sobre a obra de arte –, deriva disso que qualquer intervenção do gênero não pode prescindir do fato de que a pintura a ser restaurada é uma obra de arte; donde a conclusão final é que *jamais* é possível separar o lado prático da intervenção de restauro das considerações estéticas e históricas que a obra exige. Até quando se tratar, não de intervir sobre o próprio *aspecto* da pintura, mas sobre o seu suporte, e de um modo que não influa *efetivamente* sobre a fruição estética da própria pintura, essa intervenção que poderia ser considerada tão só voltada à conservação da matéria e por isso ligada apenas a esse problema prático específico, deverá levar em consideração o *lado histórico* da obra de arte como monumento histórico e evitar ao máximo aquelas modificações *substanciais*, que somente a *salus publica*, ou seja, a salvação da obra, poderá justificar como *suprema lex*, devendo-se entender que no possível conflito entre o lado estético e o lado histórico da obra deverá sempre vencer aquele pelo qual a obra é arte, ou seja, o lado estético.

Dito isso, tema sobre o qual temos insistido há tempos, claro está que pretender falar de restauração desinteressando-se dos *aesthetic aspects of the subject*[4], como agradaria aos nossos autores, é colocar-se fora da arte e da história.

E é além desse *campo minado* da arte e da história que eles insistem em permanecer quando parecem emitir o princípio mais óbvio e indiscutível: "Dizemos apenas que permanece presumível, acima de qualquer discussão, que o objetivo de quem se deve ocupar da conservação e da restauração das pinturas é o de apresentá-las o máximo possível no estado em que o artista queria que fossem vistas". Parece óbvio, indiscutível, uma lapalissada, mas é sobretudo no campo da pintura a suposição mais insidiosa que se possa formular. Nem um con-

---

4. "Aspectos estéticos do assunto". (N. da T.)

servador, nem um restaurador pode supor isso, justamente porque é uma *suposição*, uma suposição indemonstrável: a de poder remontar a um suposto aspecto originário cujo único testemunho válido seria a obra *quando foi completada*, ou seja, sem a passagem pelo tempo, ou seja, um absurdo histórico. Mas é precisamente a esse objetivo cego que tende a *limpeza integral*: tratar uma obra de arte como se esta estivesse fora da arte e da história e que pudesse ser reversível no tempo, um pedaço de matéria oxidada ao qual devolver o primitivo brilho e pureza física. É por isso que o conceito de *pátina*, longe de se confinar em uma fabulação romântica, se foi refinando em um conceito que tem a intenção de respeitar as razões da arte e da história, de modo que é instrumento precioso para designar, seja a passagem do tempo sobre a pintura, que pôde muito bem ter sido prevista pelo artista, seja aquele novo equilíbrio em que as matérias da pintura acabam por acomodar-se através do enfraquecimento de uma crueza originária. Mas já ao surgir na Itália, o conceito de pátina se configurava nesse sentido e a citação que nós apresentamos do dicionário de Baldinucci o demonstra com clareza. Na definição de Baldinucci[5] vem, por assim dizer, a supuração, e além da constatação do *rasto* do tempo sobre a obra, também aquela do *valor estético* da pátina; mas já se deve sublinhar que também na Antiguidade, apesar de não se ter

---

5. *Vocabolario toscano*, op. cit.: "Verbete usado por Pintores, que a chamam, outrossim, pele, e é aquele universal escurecimento que o tempo faz aparecer sobre as pinturas, que, mesmo, algumas vezes as favorece".

chegado a um conceito tão inclusivo, é possível encontrar uma antecipação justamente em práticas características relativas à obra de arte. Podemos, com efeito, indicar seja para *ganosis*, seja na prática de *atramentum*[6] uma finalidade estética afim àquela que postula a conservação da pátina, isto é, da vontade de *abrandar* a *jactância* da matéria para favorecer aquela a que chamaremos *inconsubstancialidade* da imagem. Na *ganosis*, de fato, atenuava-se a crueza do mármore e do bronze com várias misturas, enquanto a brunidura acabava por tornar esta última matéria *amortizada*, quase transparente e imaterial. Na prática de *atramentum*[7], segundo o que Plínio transmite de Apeles, a vontade de abrandar a excessiva vivacidade das cores para conduzi-las a um equilíbrio mais pacato, antecipação daquilo que se operará com a passagem do tempo, resulta inequívoca das palavras explícitas "ne claritas colorum aciem offenderet..."[8]. A identidade do escopo, seja para *ganosis*, seja para *atramentum*, mostra como, já na Antiguidade Clássica, o ofício que agora reconhecemos para a pátina não se limitava apenas à escultura. Por isso é falso, etimologica e historicamente, que a pátina, como desejariam Mac Laren e Werner, seja um

6. Para a *ganosis* ver Vitrúvio, VII, 9, 3 e Plínio, XXXV, 40; e para *atramentum*, Plínio XXXV, 36. Ver L. Borrelli em *Bollettino dell'Istituto Centrale del Restauro*, 1950, n. 2, pp. 55-57.
7. A palavra *ganosis* vem do grego, γάνωσις (ação de dar brilho). Para a forma de uso dessa técnica, ver nota 3, apêndice 4. *Atramentum* é palavra de origem latina e seu sentido literal é líquido preto, pintura preta. (N. da T.)
8. "Para que a claridade das cores não ofenda a vista." (N. da T.)

conceito surgido só para a escultura, enquanto é signo de crítica histórica superficial negar ao uso da pátina do bronze, recordado por Vasari e por certo refletido pelos textos clássicos[9], aquela mesma finalidade estética que se reconhece agora na conservação da pátina.

Continuando na análise dos três termos – pátina, verniz e veladura –, os citados autores dão uma definição do verniz que mesmo em relação ao uso moderno não é exata e se mostra, a partir desse momento, tendenciosa. O verniz não é *necessariamente* uma solução de uma resina em um solvente orgânico. O verniz é apenas um tegumento líquido: à área semântica do verniz não se associa sequer, necessariamente, a transparência. E se o nome vem, por etimologia, na prática italiana, da transformação de βερονίκη[10], que se parece ter tornado o nome comum do âmbar e de seus sucedâneos na Idade Clássica tardia até a alta Idade Média, o que explica, como se dirá a seguir, o epíteto de *líquido* acrescentado ao substantivo *verniz* nos textos antigos, que aparece nem tanto para designar um tipo *constante* de verniz, mas para distinguir o verniz, como resina seca, da sua solução.

9. Vasari-Milanesi, *Trattato della Scultura*, op. cit., vol. 1, p. 163; Plínio, XXXIV, 9.
10. Cf. C. L. Eastlake, *Materials for a History of Oil Painting*, London, 1847-1849, p. 229, onde apresenta a notícia que Eustathius (século XII), no Comentário a Homero, diz que os gregos de seu tempo chamavam *veronico* (βερονίκη) o âmbar; segue, depois, a fortuna da palavra até *Mappae Clavicula* (século XII) em que aparece como genitivo já transformada em *verenicis*. A seguir a sandáraca, como primeiro substituto do âmbar, torna-se *verniz* por antonomásia.

Para a definição do *glacis* (no sentido de *veladura*, *glaze* em inglês), os autores mencionados anteriormente se referem a R. De Piles e citam *ad hoc* uma passagem relativa ao *glacis* e ao verbo *glacer*, extraído dos *Elemens*, de 1766[11]. E aqui se deve fazer uma primeira e fundamental ressalva. Se no uso atual se tende a dar uma absoluta equivalência entre *glacis* e *veladura*, na origem as duas palavras não cobriam uma idêntica área semântica, como é evidente pelo significado original que, independentemente do uso trasladado, conservam ainda, nas respectivas línguas, os verbos *glacer* e *velare*. No verbo *glacer* fixa-se aquele particular fenômeno físico de um líquido que enrijece, permanecendo transparente e lúcido, no verbo *velare*, um *ocultamento parcial*. Não se pode determinar com precisão quando em francês e em italiano os verbos supracitados passaram a designar metaforicamente um procedimento característico e, portanto, um efeito a ser alcançado na prática da pintura. Entretanto, é certo que a palavra *glacis* no francês antigo é um termo de arquitetura militar e somente com esse significado específico é registrada por Félibien, ainda na segunda edição dos *Principes* de 1690[12]. Tampouco esse termo se

11. R. de Piles, *Elemens de la Peinture pratique*, Paris, 1766, p. 117. Note-se que é a edição revista e não se sabe o quanto aumentada por Jombert. Eastlake (*Materials, op. cit.*, vol. 1, p. 433, nota) refere-se a uma edição original de 1684, e informava que já então era considerada extremamente rara e, agora, não encontrável, mesmo na Biblioteca Nacional de Paris. O título, atendo-se a Jombert que o cita no final do "Préface" da edição do *Cours* de 1766, era *Premiers elemens de la Peinture pratique*. Jombert anunciava efetivamente que desejava fazer uma nova edição.
12. André Felibien, *Des principes de l'Architecture etc.*, Paris, 1690, 2ª ed. No final do volume existe um "Dictionnaire des termes propres à l'Archi-

encontra registrado no pequeno dicionário de "Termes de peinture" de De Piles, no final das *Conversations sur la Connaissance de la Peinture* de 1677. Tudo isso significa que se a prática de *glacer* era bem conhecida nos *ateliers* de pintura, não havia ainda sido individualizada e divulgada em uma seleção precisa de termos. Com efeito, se a adoção do substantivo *glacis* é setecentista, pode-se, ao contrário, recuperar o verbo *glacer*, usado de modo fugaz em dois textos. O mais antigo parece ser o *Recueil des essaies des merveilles de Pierre Lebrun* (1635)[13], que no parágrafo 19 assim se exprime:

> L'adoucissement se fait par une si douce liaison de couleurs qu'elles se perdent quasi l'une dans l'autre, *glace*(r) c'est mettre les derniers adoucissements et la couche dernière délicate qui donne l'esclat avec le blanc glacé ou pourpre glacé, verd glacé, jaune glacé etc.[14]

---

tecture et aux autres arts"; o verbete "Glacis de la contrescarpe" remete a "Esplanade", e é explicado como "parapet de chemin couvert" [parapeito de adarve coberto]. No *Dictionnaire de l'Ancienne Langue Française* de Godefroy (Paris, 1898, vol. IX, p. 701), *glacis* é, de fato, apresentado apenas como termo militar, *escarpa*.

13. Cf. M. P. Merrifield, *Original Treatises*, London, 1849, p. 777.
14. "A suavização se faz por uma ligação de cores tão suave que elas praticamente se perdem uma na outra; *glaçar*, é dar as últimas suavizações e a última camada delicada que dá o brilho com o branco glaçado ou púrpura glaçado, verde glaçado, amarelo glaçado etc." Observação: quando Brandi emprega as palavras francesas *glacer*, *glacé*, optou-se, quando foi necessário traduzi-las, por utilizar *glaçar* e *glaçado* respectivamente, com o sentido de translúcido, para diferenciar do italiano *velare*, *velato*, *velatura* que têm correspondentes em português utilizados com o mesmo sentido no campo da pintura e da restauração, *velar*, *velado* e *veladura*. (N. da T.)

A segunda citação está nas "Remarques" de De Piles, anexas à tradução do *De Arte graphica* de Dufresnoy (1673)[15]:

> C'est par cette raison que les couleurs glacées ont une vivacité qui ne peut jamais être imitée par les couleurs les plus vives et les plus brillantes... tant il est vray que le blanc et les autres *couleurs fières*, dont on peint d'abord ce que l'on veut *glacer*, en font comme la vie et l'éclat[16].

Dessas passagens antigas, agora apresentadas, resulta claro que a prática de *glacer* era uma prática de *atelier*, que ainda não havia sido teorizada, mas apenas começava a ser mencionada e *justificada* pelo fato de não ser possível obter um *igual brilho do timbre da cor* a não ser com a sobreposição de um estrato transparente.

Foi assim que só mais tarde a palavra *glacis*, de significar um talude suave ou escarpa de uma fortificação, passou a um derivado do verbo *glacer* e foi teorizada pelo próprio De Piles, nos *Elemens* de 1766, com a passagem a que se referem Mac Laren e Werner, que é a seguinte:

> Une couleur glacée n'est autre chose qu'une couleur transparente au travers de laquelle on peut voir le fond sur lequel elle

---

15. Note-se que em *De arte graphica* de Dufresnoy não existem receitas, mas De Piles, ao traduzi-lo, acrescentou as "Remarques", que presumivelmente representavam o primeiro núcleo dos tratados sucessivos. A edição por nós citada, de 1673, é a segunda, p. 217.
16. "É por essa razão que as cores glaçadas têm uma vivacidade que não pode jamais ser imitada pelas mais vivas e mais brilhantes cores... tanto é verdade que o branco e as outras cores *vivazes* com as quais se pinta primeiramente aquilo que se quer *glaçar*, são a sua vida e brilho". (N. da T.)

est couchée. On glace sur les bruns pour leur donner plus de force, et sur les couleurs claires et blanches pour les rendre très vives et éclatantes[17].

Na passagem apresentada, De Piles, que se autoatribuía como meta dar receitas práticas, explica, pois, o método e a utilização prática do *glacis*. Mas os *Elemens* foram escritos como complemento do tratado de tom mais elevado do próprio De Piles, o *Cours*, publicado em 1708[18]. E aqui, onde se explica a pintura não mais através da prática, mas *par principes*, ou seja, onde se elabora a sua teoria, na passagem relativa ao *glacis* comparece um elemento não mais empiricamente técnico, mas precisamente a finalidade do *glacis* do ponto de vista estético, de todo voltado a determinar a *harmonia geral*, o equilíbrio da distribuição cromática da pintura. Eis o texto:

Avant que de quitter cet article qui regarde l'harmonie dans le coloris, je dirai que les glacis sont un très puissant moyen pour arriver à cette suavité de couleurs si nécessaire pour l'expression du vrai...

Je dirai encore pour instruire les amateurs de Peinture qui n'ont point de pratique en cet art, que les glacis se font avec des

---

17. "Uma cor glaçada não é outra coisa além de uma cor transparente através da qual se pode ver o fundo em que foi estendida. Glaça-se sobre os marrons para dar-lhes mais força e sobre as cores claras e brancas para torná-las muito vivas e chamativas". (N. da T.)
18. R. de Piles, *Cours de peinture par principes*, Paris, Estienne, 1708, pp. 338-339. O curso foi impresso de novo por Jombert em 1766, que, ademais, não modificou a passagem por nós apresentada (pp. 266-267).

couleurs transparentes ou diaphanes, et qui par conséquent ont peu de corps, lesquelles se passent en frottant légèrement avec une brosse sur un ouvrage peint de couleurs plus claires que celles qu'on fait passer par-dessus, pour leur donner une suavité qui les mette en harmonie avec d'autres qui leur sont voisines[19].

Da leitura da passagem de De Piles pode-se deduzir que a prática puramente técnica do *glacer* francês se tivesse entrecruzado com a da *velatura* italiana.

A palavra *velatura* em italiano não tem, com efeito, uma história diversa daquela do *glacis* francês. Mas tem um ponto de partida oposto; no *glacer* francês se queria indicar uma transparência quase de pedra preciosa; no *velare* italiano se queria, vice-versa, *atenuar* o timbre da cor, amortizá-lo. Na prática de ateliê, a palavra *velare* deve ter sido utilizada primeiramente quando se devia recobrir uma cor com uma outra. O exemplo de Vasari, que menciona o verbo velar como o procedimento ainda bizantino da preparação em verde recoberta pelas cores para os encarnados, dá apenas um vislumbre do significado específico que adquirirá o verbo *velare*, que parece ter sido usado pela primeira vez, com particular alusão à

---

19. "Antes de concluir este artigo que concerne à harmonia do colorido, direi que os glaçados são um meio muito poderoso para se atingir a suavidade de cores tão necessária para a expressão do verdadeiro...
Direi ainda que para instruir os amadores de Pintura que não têm prática nessa arte, que os glaçados se fazem com cores transparentes ou diáfanas e que, por conseguinte, são pouco encorpadas, as quais são aplicadas esfregando ligeiramente com uma escova sobre uma obra pintada com cores mais claras do que aquelas que são passadas por cima, para lhes dar uma suavidade que as harmonize com as que lhes são próximas". (N. da T.)

transparência, somente por Armenini[20], como já mencionamos. O ponto de contato, pois, entre o *glacer* francês e o *velare* italiano é a *transparência*, que os franceses desenvolvem em um primeiro tempo para purificar o timbre da cor, e os italianos, ao contrário, com particular interesse em atenuar a jactância. Mas a acentuação *semântica* das duas diversas línguas não exclui, com efeito, que também os franceses quisessem, com o *glacis*, além de manter o timbre puro da cor sem mesclas, também atenuar a sua virulência. A expressão já citada de De Piles *couleurs fières* é explícita. Desse modo, os italianos visavam ao mesmo resultado de conservar o frescor do timbre sem deixar as cores fortes e proeminentes demais. E assim quando se encontra a primeira menção explícita da veladura, no dicionário de Baldinucci (1681)[21], a operação de *velar* é descrita em relação ao efeito agradável que produz, ou seja, de um ponto de vista mais estético

---

20. Vasari-Milanesi, *Trattato della Scultura, op. cit.*, vol. 2, p. 276. Vida de Parri Spinelli: "Foi ele o primeiro que ao trabalhar em fresco abandonou a prática de fazer o verde sob as carnes, para depois, com vermelhos da cor da carnação, e claro-escuros com uso de aquarelas, *velá-las* como havia feito Giotto e os outros velhos pintores"; G. B. Armenini, *Dei veri precetti della pittura* [1587], Pisa, 1823, p. 140: "Mas nos esboços dos panejamentos que devem ser *velados*..."; e p. 141: "mas retorno aos panejamentos que devem ser destinados a *velar*..." com todas as explicações técnicas que seguem.
21. Repetimos a passagem para comodidade do leitor: "Velar. Cobrir com véu. Junto aos nossos artistas, velar significa tingir com pouca cor e muita têmpera (ou como se diz vulgarmente aquoso ou longo) o colorido em uma pintura sobre tela ou madeira, de modo que ele não se perca de vista, mas permaneça um tanto mortificado e agradavelmente escurecido, quase como se tivesse sobre si um sutilíssimo véu."

do que técnico. Foi assim que pôde confluir na prática e na teoria francesas.

Dessa forma, a história paralela das duas palavras confirma de modo pleno a nossa asserção de que a prática da veladura foi em primeiro lugar uma prática de *atelier*, um *expediente* para obter certos efeitos e um *remédio* para encobrir defeitos, sem pastichar demasiadamente a pintura. Até nos mais tardos manuais franceses e italianos não se dissimulam a superioridade e a maior perícia das pinturas *na pasta* da tinta, *diretas*, *à pleine pâte*, em relação às perigosas cozinhas das *velature* e dos *glacis*. Seria então simplesmente inconsiderado, com base em uma história tão fundamentada e bilateral, continuar a asserir, como fazem Mac Laren e Werner, que a prática da *velatura* ou do *glacer* era de todo conhecida e teorizada "by Pliny, in the Lucca Ms. of the eight century, and in many others manuscripts prior to the sixteenth century"[22]. Teriam feito muito bem em especificar as passagens relativas que, ao contrário, não pensaram em apresentar e sobretudo indicando em quais palavras creem poder identificar o *glacis* ou a *velatura*. Em Plínio não existe nenhuma passagem do gênero, a menos que se queira ver a *veladura* no texto relativo ao *atramentum* por nós citado. Mas naquela passagem não se trata de veladuras locais, mas sim de um *verniz* geral acrescentado sobre toda a pintura. Como foi dito, o escopo resulta si-

---

22. "Por Plínio no Manuscrito de Lucca do século VIII e em vários outros manuscritos anteriores ao século XVI". (N. da T.)

milar àquele da pátina mais do que à prática da veladura e, no entanto, a prática não era a mesma e de resto o próprio Plínio acrescenta que a ninguém mais, depois de Apeles, foi bem-sucedida. Em uma outra passagem de Plínio, relativa ao *purpurissum*, dá-se notícia de uma técnica de superposição de duas cores para obter *mínio* e *púrpura*. Mas se trata, portanto, por mais que o procedimento possa evocar o da veladura, não mais de uma veladura em *transparência*, mas de uma nova cor, e na pasta da tinta, que se queria obter. No que se refere ao manuscrito de Lucca[23], existe apenas uma receita de verniz e uma receita para fazer com que o estanho se pareça com o ouro. Nada que tenha a ver com a prática pictórica da *veladura*. Vice-versa, a natureza específica de expediente prático e remédio secreto no uso da veladura, já indiciada pelo fato do *silêncio* de todos os tratados mais antigos, é claramente confessada, por exemplo, no verbete acrescentado por Robin ao *Dictionnaire* de Watelet

23. O compêndio de várias receitas que é conhecido como Manuscrito de Lucca foi editado por L. A. Muratori em *Antiquitates Italicae Medii Aevi Aretii*, 1774, tomo IV, pp. 674-722. Encontra-se na Biblioteca Capitular de Lucca, onde havia sido estudado também por Mabillon que o datava do tempo de Carlos Magno. É, como foi dito, um receituário, com particular interesse pela tintura das peles, douraduras dos metais etc.; que se possa referir à pintura, existe apenas a receita de verniz "De lucide ad lucidas, Super colores quale fieri debet", em que são citados doze ingredientes. Foi publicada por Eastlake (*Materials, op. cit.*, vol. 1, p. 230); aparece, ademais, também em *Mappae Clavicula*. A outra receita que é citada no texto e que não tem, além do mais, nenhuma relação com a veladura, se refere à imitação do ouro com o estanho "De tinctio petalorum" que, como será dito, se liga à *Pictura translucida* de Teófilo. A passagem de Plínio é aquela citada por L. Borrelli, em *Bollettino dell'Istituto Centrale di Restauro*, 1950, n. 2, p. 55.

(1790)[24]: "Le glacis est un moyen efficace de perfection pour l'art, et *un remède aux défauts échappés dans la première couche*"[25].

Desse modo, se essa passagem está em total conformidade com as nossas asserções anteriores e não necessita comentários, pensamos que, ao contrário, é preciso muitos no que concerne à extraordinária *tranquilidade* ostentada por nossos autores em relação à solidez das partes veladas e *glacées* das pinturas.

Pictures have been cleaned and restored from the earliest times and judging by the records preserved in some cases, it is obvious that most old pictures must have been frequently cleaned throughout their life... It is not generally contested that body colour can, except in rare cases, be cleaned with safety. As Professor Brandi's article shows, the main objections to complete cleaning *are based on the fear that part of the artist's intention in the form of patina, glaze* (= glacis, velatura) *or varnish may be removed or damaged in the cleaning process. This fear, however, arises from an incomplete understanding of the solubility of surface varnishes and glazes*[26].

---

24. Watelet e Lévesque, *Dictionnaire des Arts de Peinture*, Paris, Prault, 1792, vol. 2, pp. 422-429 (Watelet, da Academia Francesa, deixou o dicionário incompleto em 1786; Lévesque, da Academia de Inscrições e Belas Letras, adido da Academia de Belas Artes de São Petersburgo, publicou-o integrando os verbetes de Watelet). [Trata-se provavelmente da integração dos verbetes de Robin. N. da T.]
25. "O glaçado é um meio eficaz de perfeição para a arte e *um remédio para os defeitos que escaparam na primeira camada*". (N. da T.)
26. "Muitas pinturas têm sido limpas e restauradas desde tempos remotos e, a julgar pelos registros preservados em alguns casos, é óbvio que a maioria das pinturas antigas deve ter sido amiúde limpa ao longo de sua vida...

Portanto, tratar-se-ia de temores excessivos e irracionais. Mas não somos apenas nós que os nutrimos, nem eles têm pouco tempo. Escutemos Watelet (Robin)[27]:

A ce propos, il n'est pas inutile d'observer que les gens ignorans dans la pratique de peindre et qui se mêlent de nettoyer les tableaux, ne savent presque jamais distinguer les parties glacées de celles qui ne le sont pas: *d'où il arrive que, voulant enlever tout ce qui leur paroit crasse et saleté dans certains endroits, ils parviennent aussi à tout ôter jusqu'à la première couche exclusivement, qui alors leur paroit être le vrai ton du tableau*[28].

Fica, pois, confirmado que no Setecentos, na França, sabia-se muito bem como eram delicados os *glacis* e as veladuras e que a ostentatória autoconfiança dos restauradores de hoje não deixa nada a desejar àquela dos restauradores de ontem. Mas os nossos autores, ao contrário, nos repreendem de forma ríspida porque não de-

---

Não se costuma contestar que as veladuras, com raras exceções, podem ser limpas com segurança. Como o artigo do Professor Brandi o mostra, as principais objeções a uma limpeza completa são *baseadas no temor de que parte da intenção do artista na forma de pátina, glaze* (= glacis, velatura) *ou verniz possa ser removida ou danificada no processo de limpeza. Esse medo, no entanto, vem de uma compreensão imperfeita da solubilidade de vernizes e veladuras superficiais.*" (N. da T.)

27. Watelet e Lévesque, *Dictionnaire, op. cit.*, vol. 2, pp. 422-429; e também vol. 3, p. 594, no verbete "nettoyer".

28. "A esse propósito, não é inútil observar que as pessoas ignorantes na prática de pintar, e que se metem a limpar os quadros, não sabem quase nunca distinguir as partes glaçadas daquelas que não o são: *donde acontece que, querendo retirar tudo aquilo que lhes parece crosta e sujeira em certos locais, acabam chegando também a suprimir tudo até a primeira camada exclusivamente, que então lhes parece ser o verdadeiro tom do quadro.*" (N. da T.)

monstramos que as *veladuras* são muito delicadas e facilmente suscetíveis aos solventes. Note-se a ardileza fácil do raciocínio. Nem mesmo por um átimo Mac Laren e Werner informam o leitor que nada se sabe de como eram executadas as *velature* ou os *glacis*, ao menos até o Setecentos, mas fiéis ao sofisma da "falsa premissa" dão como certo aquilo que se deveria demonstrar, ou seja, que existiu uma prática unívoca e constante de fazer as veladuras e que "the bulk of evidence in the historical texts goes to show that the medium used for glazing before the eighteenth century was either oil alone or oil mixed with a small quantity of varnish"[29]. Não há dúvida de que de todas as afirmações contidas no artigo essa é a mais *dolosa*. Com efeito, nem sequer um *texto* seguro sobre o modo de aplicar *glacis* ou *velature* anterior ao Setecentos Mac Laren e Werner conseguiram apresentar de forma decente. Por que então aquela asserção foi feita? Porque é sabido como o óleo de linhaça adquire ao envelhecer uma notável solidez e por isso se pode supor que as veladuras feitas com óleo não deveriam ser removidas facilmente pelos solventes *moderados* em uso na National Gallery. Essa é a restrição mental que leva a uma afirmação gratuita ao extremo. E é sempre com base em tal suposição que os mesmos autores criticam a análise feita pelo Dr. Liberti no verniz colorido do painel de São Terêncio do Bellini de Pesaro, *dado que não teria sido*

---

29. "A maior parte das evidências nos textos históricos mostra que o meio utilizado para velar antes do século XVIII era ou o óleo sozinho ou o óleo misturado com uma pequena quantidade de verniz." (N. da T.)

considerada a presença do óleo de linhaça [sic], como se fosse verdadeiramente indispensável que Bellini tivesse usado um verniz ou uma veladura a óleo. Mac Laren e Werner nem ao menos se preocupam em insinuar a suspeita de que as veladuras da pintura a óleo fossem feitas de um modo e as da pintura a têmpera, de outro. Quando todos os pintores ainda pintavam a têmpera, deveriam ter aplicado as veladuras somente com óleo, ou com óleo misturado com uma resina dura! E, no entanto, o texto talvez mais antigo que explicita o modo de fazer as veladuras, ainda no Setecentos, os *Elemens* de De Piles de 1766, que nossos próprios autores citaram, distingue com clareza o modo e as substâncias para fazer o *glacis* na pintura a óleo e naquela a têmpera[30].

Mas sem se deixar invadir por essas dúvidas incômodas, nossos autores começam a precisar – dado que admitiram a presença dos vernizes na sua presumida prática da veladura anterior ao Setecentos – em que consistiam os vernizes antigos: sempre no inconfessado intento de poder demonstrar que se tratava de vernizes tão resistentes que nenhum dos modernos solventes poderia removê-los. O que nós de modo algum contestamos para os vernizes, mas contestamos na linha do método. Com efeito, não afirmamos que *todas* as veladuras sejam deli-

---

30. Cf. "De la Manière de glacer les couleurs à l'huile", pp. 117-119; "Manière de glacer les couleurs en détrempe", p. 239; na página 229 dá a receita para a cola a ser usada para a têmpera, feita de "rognures de gants blancs et raclures de parchemin". ["pedaços de digitális brancas e raspas de pergaminho" N. da T.]

cadíssimas, mas partimos, em primeiro lugar, do fato de que a prática da veladura foi uma prática que só veio à luz da consciência histórica muito tarde, quando cinco séculos basilares de pintura europeia já eram passados. Além disso, mesmo se fosse possível remontar a um texto de Plínio ou de Heraclio, seria imperdoável presunção considerar que todos os pintores tivessem que atuar da mesma maneira, como se se tivesse tratado de repetir as palavras canônicas da Consagração. Uma premissa similar bastaria, pois, para derrubar todas as supostas margens de segurança que Mac Laren e Werner invocam para os solventes atuais. A arbitrariedade da cômoda suposição agrava-se quando se sabe que não se pode invocar nem ao menos um texto antigo e unívoco sobre a prática da veladura, pelo qual fica claro que cada um se comportava a seu modo e continuou a se comportar a modo seu até os nossos tempos. Além disso, afirmamos, sempre em relação a essa prática *intermitente* e *local* da veladura, que não se pode obter nenhuma segurança do fato de um solvente não alterar uma parte da pintura, uma vez que pode, sim, atingir uma outra: donde é *falso cientificismo* aquele que verificamos em vários relatórios de restaurações, em que é designada uma mistura provada sobre uma parte da pintura como incondicionalmente adequada à retirada do verniz de toda a pintura, *sem que ela sofra dano*. Esses terríveis empirismos que se revestem de uma ciência que de forma evidente ignora a máxima de Galileu "verificando e reverificando" já custaram à civilização a destruição de tantas obras-primas!

Mas voltemos ao tema dos vernizes. Viu-se que Mac Laren e Werner, sobre a antiga base dos trabalhos de Eastlake e de Merrifield[31], afirmam que para a pintura italiana se conhece a existência de três tipos universais de vernizes: o *verniz líquido*, o *verniz líquido suave* e o *verniz comum*. É provável que para escritores não italianos o equívoco nesse caso fosse fácil, mas para nós e à luz de uma filologia mais prudente, esses epítetos *líquido*, *líquido suave* e *comum* não correspondem, de nenhum modo, a uma nomenclatura precisa, não oferecem receitas *constantes*, mas espelham um uso mutável e impreciso, como é comum nas primeiras preceituações. Sem mencionar, e é argumento importantíssimo, que essas designações não ocorrem em um mesmo tempo, mas se escalonam em autores, em tempos, em *áreas* culturais diversas e de diverso *uso linguístico*.

Já mencionamos que o epíteto *líquido* acrescentado a *suave* na fonte italiana mais antiga, em Cennini, serve para distinguir o verniz, ou seja, a resina em pó ou em grãos, daquela dissolvida no solvente. O uso de *verniz*, referente à resina em pó continua até o Seiscentos, sobretudo para o verniz a ser aplicado sobre o papel de escrever. De resto, nas passagens de Cennini, citadas por Eastlake, de que se extrai o epíteto *líquido*, esse líquido tem tão só o sentido restrito de verniz dissolvido, em contraposição àquele seco: "com verniz líquido" e depois

---

31. Estlake, *Materials*, *op. cit.*, vol. 1, p. 223; Merrifield, *Original Treatises*, *op. cit.*, vol. 1.

"retire o teu verniz líquido e brilhante", em que o acréscimo de *brilhante* especifica com clareza o sentido puramente determinativo também do primeiro adjetivo[32]. Daí a fazer um epíteto de rígida nomenclatura a que corresponda uma *composição* fixa e invariável da mistura existe uma grande diferença. Nem Cennini dá a composição do verniz. Mas Mac Laren e Werner, a partir de informações sigilosas, asseguram que se comprava feito... Com isso não temos nada a opor ao fato de se acreditar que Cennini utilizasse verniz como sinônimo de sandáraca, mas daí a considerar o verniz líquido como se fosse obtido de forma constante de uma infusão de sandáraca em óleo de linhaça existe um abismo, e nenhum método filológico íntegro poderia convalidar essa asserção no silêncio de Cennini a esse propósito e no fervilhar – já naquele tempo – de várias receitas.

Passemos agora ao suposto "verniz líquido suave". Para a única menção do gênero até hoje encontrada é necessário esperar por Rossello[33] (em 1575) em que existe também a receita de um *verniz líquido*, em que o apelativo *goma de verniz* especifica o sentido do líquido como

---

32. Confirma por completo essa nossa interpretação, que especifica em *líquido* uma mera contraposição ao estado *sólido* do verniz, a passagem de Cardani relativa à sandáraca o *juniperi lacryma vernix*: "ex *sicca* vernice et lini oleo fit *liquida* vernix" (Hieronimi Cardani, *De subtilitate*, Lugduni, 1558, p. 349). [O autor refere-se ao verniz feito com a resina de junípero: "com verniz *seco* e óleo de linhaça se faz o verniz líquido". N. da T.]
33. A primeira edição, T. Rossello, *Della Summa de' Secreti Universali*, Venezia, 1575 não é encontrável; citamos da 2ª edição: Timoteo Rosselli, *De' Segreti Universali*, Venezia, 1677 (na Biblioteca Marciana de Veneza, 23058).

já foi dito, ou seja, se limita ao estado fluido da mistura. O capítulo seguinte intitula-se "A Far Vernice Liquida e Gentile" ("Para Fazer Verniz Líquido e Suave"): os comentários são supérfluos, a conjunção *e*, erroneamente transcurada, estabelece que se trata de epítetos determinativos e não de um apelativo com nomenclatura rígida. Do mesmo modo, o capítulo 69 intitula-se: "Del Modo di Fare una Vernice Finissima et Essicante" ("Do Modo de Fazer um Verniz Finíssimo e Secante"). O paralelo é óbvio.

Com isso o *verniz líquido suave* desapareceu como gênero para dar lugar a uma reduzidíssima espécie, aquela dos *Secreti* de Rossello.

No que se refere ao *verniz comum*, é ainda evidente que o epíteto se refere à espécie mais *ordinária* de verniz, aquela de uso mais corrente, e por certo não voltada à prática especificamente pictórica. Isso aparece já em Armenini, e ainda mais nos textos que Mac Laren e Werner citam de Eastlake. Em Fioravanti[34] (1564), capítulo 67: "del modo di fare vernice commune da vernicare cose grosse", em que a explicitação de *comum* tira qualquer dúvida de que pudesse ter outro sentido além de um verniz grosseiro para todos os usos domésticos: "para envernizar coisas toscas". O que tem a ver a pintura com essas receitas?

---

34. A primeira edição L. Fioravanti, *Segreti rationali*, Venezia, 1564 não é mais, praticamente, encontrável. Citamos da 3ª edição: Leonardo Fioravanti, *Del Compendio dei Segreti Rationali*, Venezia, 1660. (A 2ª edição de 1597 e a 4ª, de 1675, são igualmente raríssimas.)

Em Birelli (1601)[35] a dicção *comum* recebe uma repetida limitação; capítulo 372 "Vernici *da alcuni detta comune*" (Vernizes por alguns chamado comum). Existe um princípio, mas logo negado, de nomenclatura. Eram tão pouco unívocos a composição e os ingredientes, que Birelli, sob o mesmo título, registra outras *duas* receitas.

No Manuscrito Marciano[36] existe ainda uma receita para "vernice ottima comune et buona da invernicare quello che vuoi" (verniz ótimo comum e bom para envernizar aquilo que se desejar), denominação que corresponde a outro "vernice ottima chiara e dissecativa per colori a olio et per ogni dipentura" (verniz ótimo, claro e secante para cores a óleo e para qualquer pintura), sem que desse segundo se possa fazer um *"verniz de composição constante. Comum* e *bom*, equivalem a *ótimo* e *claro"*.

Para nós, portanto, apesar de não excluirmos por completo que os adjetivos *líquido* e *comum* acabassem por indicar dois tipos genéricos e, sobretudo, duas gradações qualitativas diversas, uma mais fina, a outra de todo usual, não existe nenhuma possibilidade de fazer com que aqueles epítetos genéricos designem especificamente dois tipos de vernizes *estandardizados*, obtidos sempre com as mesmas matérias e com os mesmos solventes. O problema deve ser sublinhado sobretudo em relação aos solventes. Porque se nós não contestarmos

---

35. G. B. Birelli, *Opere*, Firenze, Marescotti, 1601, livro XIII, pp. 541-542.
36. O *Libro di Segreti d'Arti Diverse*, conhecido como Manuscrito Marciano (Veneza, Biblioteca Marciana, n. 5003, col. Is. III, 10) foi publicado por Merrifield, *Original Treatises, op. cit.*, vol. 2, pp. 603-646.

que verniz, pelo menos nos primeiros séculos da Idade Média, se tivesse tornado na Itália sinônimo de sandáraca e que todo verniz diluído era mais ou menos constituído nessa base ou em substitutivos diversos e com integrações diferentes, é certo que não se poderá considerar o óleo de linhaça, ou de noz, ou de semente de papoula como o veículo constante e normal das resinas e gomas afins ou ligadas à sandáraca.

O crítico e o restaurador devem sempre ter presente essas incógnitas que todas as vezes se apresentam no desenrolar não apenas de um mesmo século, mas também em um mesmo pintor. Não se sabe jamais, não se pode jamais estar seguro de que e de quantas matérias então conhecidas um pintor antigo se pode ter servido.

Além disso, muito menos se pode transcurar o fato de que a maior parte das receitas de verniz que chegou até nós não deriva de tratados relativos à pintura, mas de compêndios em que existe de tudo, desde receitas para tingir os cabelos até aquela para fazer com que os cães não ladrem (Birelli). Viu-se, ademais, que Cennini não dá receitas de vernizes, e quando as encontramos, em Armenini, em Baldinucci, em De Piles, em Orlandi, ou seja, em textos dedicados em particular à pintura, a composição dos vernizes não resulta prevalentemente fundamentada no óleo de linhaça, de noz ou de outra coisa, mas em solventes como o espírito do vinho, o óleo de abeto, o óleo de pedra ou nafta. É sobretudo a essas últimas receitas, incômodas demais sob todos os pontos de vista, que se volta a tentativa de minimização de Mac Laren e

Werner. Começam, então, por fazer a estatística e levantam que das quarenta e sete receitas – retiradas das publicações de Eastlake e de Merrifield – somente sete incluem a nafta. É característica do empirismo confiar na verdade das estatísticas: nesse caso ainda mais errôneas do que o comum, porque a única estatística que contaria não seria o número de receitas, mas o número de testemunhos relativos ao uso pictórico das próprias receitas. Poderia existir uma única receita que fosse universalmente aplicada, como a têmpera de ovo, por exemplo.

Ademais, veja-se como foram *somadas* essas receitas. Sem pretender redigir um tratado sobre vernizes, para o atual propósito basta mencionar o fato que a quase totalidade das receitas de vernizes deriva daqueles receituários que seguem o tipo já delineado por Heraclio e que culminam na – pitoresca e não pictórica – mistura de magia e alquimia de Birelli. A pintura, nessas discurserias multicolores, entra nisso apenas por uma fissura; donde a primeira questão a ser colocada, para aquelas receitas, é para que uso serviriam. O mais das vezes, sabe-se: trata-se de vernizes para madeiras, arcabuzes, balestras, alaúdes etc. Mas uma constante aparece: no citado Manuscrito Marciano, *Libri di Segreti d'Arti Diverse*, os vernizes mais finos são aqueles dissolvidos em aguardente e só para esses se especifica que eram destinados a miniaturas e pinturas. Em Fioravanti diz-se explicitamente: "além dos vernizes supracitados fazem-se ainda outros sem óleo: e são belíssimos". Em Alessi, outrossim, o "verniz belíssimo e raro" é à base de aguardente. Também em Birelli não falta um verniz "que logo se secará" à base de terebintina, incenso e sandáraca, sem óleo de linhaça. E esses vernizes eram com toda certeza usados para as pinturas, por menção explícita. Quando Bonanni[37], em 1731, recapitulará minuciosamente as receitas anteriores de vernizes, no seu tratado fundamental, anteporá aos vernizes à base de óleo de linhaça, aqueles dissolvidos em aguardente, terebintina e óleo de abeto. Para não mencionar Félibien (1690)[38] que, citando as diversas espécies de vernizes, menciona os de terebintina e de sandáraca, outros à base de aguardente, e de terebintina e aguardente; e nem sequer recorda vernizes à base de óleo de linhaça ou de noz.

Existem, por fim, os vernizes de nafta, para os quais há um testemunho, a respeito do uso, de peso bastante distinto daquele das genéricas indicações do receituário comum. Diz-se, inclusive, por quais pintores haviam sido empregados. A notícia mais antiga é de Armenini[39], que verifica o uso do verniz à base de nafta em toda a Lombardia, e "assim era aquele utilizado por Correggio e por Parmigianino". E assim devia ser o verniz que cobria também a *Virgem das Rochas* da National Gallery antes da última restauração que a desnudou.

---

37. P. Filippo Bonanni, *Trattato sopra la vernice detta comunemente cinese*, Roma, 1731.
38. *Des principes de l'Architecture*, *op. cit.*, p. 419.
39. Armenini, *Dei Veri Precetti*, *op. cit.*, livro II, cap. IX.

Igualmente, Baldinucci cita a nafta como base de vernizes e Orlandi, no *Abecedario pittorico* (1719)[40], menciona três vernizes a base do óleo de pedra (= nafta) com os seguintes comentários: "esse é o verniz mais sutil e mais lustroso do que qualquer outro"; e depois "verniz de belíssimo lustro para usar sobre qualquer coisa pintada"; até que do terceiro diz explicitamente "verniz chamado do Cavalier Cignani", e é verniz composto de mástique em gotas e de óleo de pedra. Em relação às outras receitas reportadas por Orlandi, duas são à base de terebintina, aguarrás, óleo de abeto, quatro à base de aguardente e só quatro têm como solvente o óleo de linhaça ou de noz. Observe-se, ademais, que para um verniz composto de aguarrás e terebintina se prescreve *fazer com que a mistura fique ao sol por oito dias*. A observação é importante – e nem aparece isolada apenas em Orlandi – porque em geral da prescrição de exposição ao sol, quando não se conhece com certeza os ingredientes dos vernizes (como em Cennini), deduziu-se (Eastlake em particular) que o solvente era necessariamente óleo de linhaça.

Por mais que Mac Laren e Werner procurassem minimizar os vernizes de nafta, não podendo exclui-los de todo, tentaram negar que possuíssem uma certa coloração, mencionando o fato de que em muitas receitas e de várias épocas se insiste na purificação dos óleos, no

---

40. Baldinucci, *op. cit.*, p. 180; Orlandi, *Abecedario Pittorico*, Bologna, 1719, tav. IV.

fato de que o verniz deve ser *claro* etc. Mas é evidente que se especula aqui sobre o equívoco: uma coisa é uma *coloração* do *verniz*, outra é a *impureza* de um verniz. Que um verniz devesse ser transparente e claro não significa que devesse ser *incolor*. Que se encontre, como em Armenini, nos *Segreti* da Marciana e em Orlandi, explicitamente indicada a receita de um *verniz claro*, demonstra, antes, o uso especial e não comum que dele se fazia. Que, ao contrário, os vernizes antigos fossem, alguns mais outros menos, coloridos, é admitido precisamente pelo autor mais fundamentado sobre o assunto, Eastlake[41], e é uma omissão pouco admissível que Mac Laren e Werner tenham calado exatamente sobre esse ponto, quando eram muito devedores daquele mesmo autor. Eastlake afirma, e não de modo infundado, que o verniz à base de sandáraca (que sem dúvida é o mais antigo e, como foi visto, está na origem até mesmo do nome *verniz*) tinha uma cor vermelha fundamental, à qual estavam tão habituados os pintores medievais que a consideravam indispensável a ponto de a substituírem quando não existia. Assim Cardani[42] observava que quando a clara do ovo

---

41. Essa e outras passagens de Eastlake relativas aos vernizes coloridos podem ser vistas nas seguintes partes: *Materials, op. cit.*, vol. 1, pp. 247, 270 e vol. 2, pp. 27-28, 38 (nota).
42. *De Subtilitate, op. cit.*, livro VIII, p. 349: "Olim loco eius [vernicis] cera tenuissima, vel ovi albo ac sandice factitio, vel creta cum nitro utebantur... Ovi albo et sandice etiam color purpureus praeter tutelam addebatur". ["Então, em seu lugar (do verniz) era utilizada uma cera tênue ao extremo ou a clara misturada com um vermelho preparado ou ainda greda com nitro.... Com a clara de ovo e também com esse vermelho, a cor púrpura, além da proteção, era aumentada". N. da T.]

era utilizada como verniz, era usual tingi-la com vermelho de chumbo. Foi por isso que apresentamos a receita do manuscrito bolonhês *Segreti per colori*, no qual em uma receita "A fare vernice liquida per altro modo" (Para fazer verniz líquido de outro modo) encontra-se citado o *mínio ou cinábrio*, ou ainda, *mínio e cinábrio*. Mac Laren e Werner supõem que esse *mínio ou cinábrio* era empregado como secativo e depois duvidam que o verniz fosse para pinturas. Mas à parte o fato de o verniz mencionado ser chamado de *líquido* e não *comum* ou *grosso* e que portanto é, dentre todos, aquele que mais presumivelmente era adequado às pinturas, deve-se notar que não contém sandáraca, mas incenso. Também a nós havia escapado que Eastlake não apenas cita essa receita interpretando correta e inequivocamente o *mínio ou cinábrio* como corantes, mas a corrobora com uma outra receita importantíssima de 1466 em que se diz *sic et simpliciter*: "Para fazer a substância – coloca-se em lugar do verniz líquido, *quando aquele não fosse encontrado*". Os ingredientes desse verniz que é claramente um substituto do verniz à base de sandáraca são os seguintes: "óleo de linhaça, mástique, *mínio*, incenso e pez branco". Ou seja, reaparecem os mesmos dois ingredientes – mínio e incenso – da receita bolonhesa e com isso a introdução do mínio como corante não pode mais ser posta em dúvida.

E como isso poderia surpreender quando o próprio Eastlake tornou conhecida a distinção que se fazia no século XIV na Inglaterra *para os vernizes a serem usados em pintura*: *vernisium rubrum* (ou à base de sandáraca) e *vernisium album*. Aqui não é necessário elaborar muito sobre o significado a ser dado ao *rubrum* e ao *album*: traduzam um termo como *verniz líquido* e o outro como *verniz claro* e terão a contrapartida italiana. Além disso, Eastlake afirmava que "os vernizes verdes e amarelos não eram menos comuns". E, com efeito, o uso do *açafrão* não parecia ser limitado apenas aos vernizes para imitar o ouro (a atual *mecca*)[43]. Já Merrifield e Eastlake haviam reunido notícias exaustivas sobre o uso do açafrão para as veladuras.

Com isso nós refutamos todas as críticas que de modo inconsiderado haviam sido feitas contra nós, em linha teórica, e nos resta examinar as críticas com que se queria desesperadamente destruir a preciosa contribuição que as restaurações do Gozzoli de Perugia, do Coppo di Marcovaldo de Siena e do Bellini de Pesaro tinham oferecido aos problemas da restauração em geral e às limpezas em particular. Para essas restaurações, a bem dizer, por já termos publicado relatórios e apostilas a seu respeito, poderíamos também nos poupar de voltar a esse assunto, mas urge mostrar o quão enganosa e infundada foi a crítica a nós dirigida.

No retábulo de Pesaro de Bellini, sabe-se que as descobertas fundamentais, para os fins da restauração, referiam-se ao verniz antigo e escuro de timbre que se

---

43. Verniz translúcido à base de laca empregado para imitar o douramento, normalmente aplicado sobre folha de prata ou estanho. (N. da T., que agradece Vera B. Wilhelm e Antonio Mello Jr. pelo esclarecimento sobre o uso dessa laca.)

encontrava *embaixo* das auréolas e sobre todo o quadro, e as partes acabadas com veladuras e *fixadas* com um verniz denso de entonação amarela no painel mais claro de toda a série da predela, a de São Terêncio.

No que se refere à primeira questão, nós havíamos verificado o fato de que em um ponto da auréola de São Pedro, em que incautos restauradores precedentes haviam retirado o ouro (aplicado em mordente e não em folha), via-se o mesmo verniz escuro de todo o resto da pintura; enquanto se o verniz tivesse sido aplicado depois do ouro, aquele ponto em que o traço de ouro havia desaparecido deveria ter resultado mais claro, *como um negativo*. A observação é tão óbvia que devemos crer que a tradução em inglês a tenha obscurecido, pois não se explicaria de outro modo o desdém com que nossos autores respondem que em onze anos um verniz a óleo se torna quase insolúvel e que por isso não é de surpreender a sua *solidez*, mesmo se o verniz fosse aplicado depois que o ouro tivesse sido retirado: donde a presença do verniz escuro naquele ponto demonstraria apenas que o verniz havia sido aplicado depois do dano. A isso é necessário objetar que uma *diferença* de tom entre a pintura recoberta de ouro e a pintura deixada descoberta ocorre em qualquer caso, de modo que se o ouro tivesse sido retirado antes do envernizamento da pintura, deveria igualmente ter sobrado traço seu, como um negativo, sobre a pintura, e tal traço não poderia ser *dissimulado* pelo verniz escuro que, aplicado de um modo igual tanto sobre a pintura rebaixada de tom quanto sobre o local do traço áureo desaparecido, teria mantido a diferença. Se *A* não é *B*, quando se acrescenta *C* a *A* e a *B*, não por isso *A* se torna *B*. O princípio de contradição não será revolvido por tão pouco.

Sem mencionar que toda essa sofisticação parece obliterar o fato indubitável de que na maior parte dos casos as pinturas, também a têmpera, eram envernizadas. Mas os nossos autores continuam na mais desenvoltas das incitações a um texto escrito, dizendo a quem escreve que "no Instituto Central de Restauração não se teria conseguido remover (*remove*) o verniz amarelo do painel de São Terêncio sem remover também as subdivisões dos *blocos* feitos por Bellini como veladura" de modo que a estupidez do autor teria sido tal a ponto de não perceber que as supracitadas subdivisões dos blocos "were old restorations covering earlier damage"![44]

Para nossa sorte, socorre-nos Rodolfo Pallucchini que longe de nos ter acusado de termos tomado equivocadamente uma velha restauração por uma veladura, nos repreende por não termos salvado não se sabe qual estrato e não se sabe qual pátina sobre esse angustiante verniz amarelo-ouro! Pallucchini que agradeça o fato de a limpeza do supracitado painel não ter sido feita com *soda cáustica* por aquele tal de quem recebe instruções para similares e ridículos engodos. Pelo menos as críticas de Mac Laren e Werner espelham a angústia de quem

---

44. "Velhas restaurações cobrindo danos anteriores." (N. da T.)

é obrigado a negar até a luz do sol para salvar uma práxis de restauração já condenada.

Como corolário daquilo que precede, recorde-se que a tese dos mesmos autores – sem nenhum suporte de textos nem de análises – era sustentar que, antes do Setecentos, todas as veladuras eram feitas com óleo de linhaça ou com óleo de linhaça e vernizes, e que, do mesmo modo, os vernizes eram quase exclusivamente à base de óleo de linhaça. Por que então enfatizaram que o Instituto não se tinha preocupado em estabelecer os *solventes* do famoso verniz amarelo-ouro de São Terêncio? É claro que se insinua aqui o tendencioso método de tomar como conclusivo o teste de um solvente em um ângulo mínimo da pintura para estar seguro da imperturbável resistência de toda a pintura restante. Ao contrário, uma vez *reconhecido* que as precedentes retiradas do verniz de São Terêncio, dolosas ou casuais, haviam determinado a retirada do *acabamento em veladura* dos *blocos* dos degraus, qualquer outro teste sobre a solubilidade do verniz amarelo-ouro seria, não hesitamos em dizê-lo, criminoso, porque teria resultado em uma nova e inútil mutilação da pintura. Ademais, o grau de solubilidade de um verniz é critério fictício porque, por admissão explícita de Mac Laren e Werner, *"depois de onze anos* um verniz à base de óleo de linhaça é tão resistente aos solventes como um verniz de 400 anos".

Examinemos então a *Madona* de Coppo de 1261, fonte de amaríssimos desprazeres para os tiradores de verniz a extremos. Com efeito, para ela existem *textos* cujo conteúdo é irrecusável e não se beneficia da incapacidade de *leitura estética* de uma pintura. Os textos são em primeiro lugar aquele por nós prontamente referido de Teófilo, *De pictura translucida*, com os outros que o rodeiam, "De tinctio petalorum" ("Sobre a Tintura das Folhas Metálicas") do *Manuscrito de Lucca* publicado por Muratori, e o "Tinctio stagnae petalae" ("Tintura de Folha de Estanho") de *Mappae Clavicula*, ambos citados por Eastlake, mas que jamais haviam sido relacionados de modo preciso com um monumento histórico determinado e controlável, como fizemos com a *Madona* de Coppo de 1261.

Defronte a testemunhos similares, anteriores e coevos, devia-se tão só reconhecer lealmente a prática *efetiva*, e não apenas teórica, de um *verniz colorido e transparente* aplicado sobre uma folha de estanho ou de prata para obter aquele *brilho* de timbre que cerca de quatro séculos mais tarde Lebrun e De Piles reconheciam como alcançável – *nunc et semper* – apenas com a veladura. Vice-versa, os nossos autores, calando sobre qualquer devido reconhecimento ao fato, detêm-se em uma circunstância puramente colateral, ou seja, no fato de se poder ou não considerar como *autêntico do século XIII* o verniz antigo que havíamos encontrado – e conservado – na moldura que permaneceu oculta desde o início do Setecentos. As análises que foram realizadas deram resultados diversos para o verniz oculto por dois séculos na moldura e para aquele que – posteriormente à ocultação da moldura – foi aplicado sobre a pintura. Uma tal diversidade teria por si só *imposto* e não apenas *autorizado* a conservação. Mas havia mais. Ou seja, o sinal que derivava do modo com que havia sido pintado o *véu* da cabeça da Madona.

Se Coppo tinha usado para o manto da Virgem a técnica da *pictura translucida* de Teófilo, uma técnica sem dúvida alguma excogitada originalmente para imitar a cor do ouro, com um similar translado, *autoriza* a considerar que a *mesma técnica de veladura* pudesse ser usada mesmo quando não era *necessário* – como para a cor púrpura e para o preto azulado – colocar embaixo uma folha de prata. Com efeito, na pintura do véu da Madona, acontece o seguinte: primeiro, sobre a imprimadura branca, pintou com um azul intenso e bastante líquido as sombras das pregas do véu; depois, *estampilhou* como um timbre a seco os pequenos círculos; em seguida, estendeu *uniformemente* um verniz amarelo transparente e uniforme e *sobre ele* pintou com a pasta da tinta (*a corpo*, *à pleine pâte*) dentro dos círculos as águias imperiais. Observamos que não se podia imputar à travessia secular a coloração amarela do verniz transparente porque pouquíssimo tempo depois, cerca de cinquenta anos, um seguidor de Duccio, talvez Nicolò di Segna, ao repintar o vulto da Madona, enquadrou-a com um véu branco, de todo incongruente se aquele superior tivesse sido, *então*, também branco. Ademais, a coloração do *espesso verniz amarelo* correspondia à coloração dos *espessos vernizes negros e púrpuras* colocados sobre a *petula arienti*[45] da figura da

---

45. Folha de prata. (N. da T.)

Virgem. Uma única técnica – prelúdio dos esmaltes translúcidos da ourivesaria de Siena – havia guiado o pintor Coppo. Uma vez notada essa extraordinária particularidade, outras deveriam vir ao encontro, demonstrando a sua aplicação e extensão: em especial na almofada--supedâneo. O que objetaram Mac Laren e Werner? Em primeiro lugar, que o verniz por nós encontrado na moldura que permaneceu oculta por dois séculos não pode ser o original, porque o mesmo verniz deveria ser encontrado sobre a cabeça repintada pelo discípulo de Duccio. Ocorre que não existe de modo algum a possibilidade de asserir que o verniz sobre o vulto da Madona e o verniz da moldura seja o mesmo sem uma análise química quantitativa. Dado que não foi feita e seria impossível fazê-la sem destruir quase inteiramente o verniz que resta, na dúvida nos devemos abster. Além disso, uma vez indiscutivelmente reconhecida que a técnica da *pictura translucida* foi usada por Coppo para o véu e para a almofada, é prudência elementar supor que para o resto da pintura Coppo tivesse contado com a coloração avermelhada do verniz a ser aplicado ao quadro, segundo aquilo que já foi explicitado a propósito. Razão a mais para respeitar de qualquer modo o verniz supracitado, mesmo que devesse resultar igual àquele do vulto da Madona, dado o fato de que em um tempo tão remoto, vernizes aplicados com o intervalo de cinquenta anos podiam não diferir minimamente na composição. A ser rejeitada por completo é a observação que as águias nos círculos do véu teriam sido pintadas *sob* o verniz. E aqui, de resto, trata-se de um equívoco. Quem fez a presumível observação do quadro em Siena, quis dar a seguinte *escala* nas sobreposições da pintura do véu: o fundo seria amarelo; em cima teriam sido pintadas as águias; e, ainda, sobre o todo existiria um verniz. O importante, entretanto, é o reconhecimento que o *amarelo* do véu não depende de uma alteração do verniz. Contudo, nós quisemos repetir as nossas observações na presença do professor Carli, diretor da Pinacoteca de Siena, e executar duas novas fotomacrografias do véu, das quais, mesmo sem cor, resultará claro, até para os mais tenazes, que a sucessão é aquela que descrevemos e publicamos desde o início. O fundo é branco e não amarelo, e o amarelo não é *a corpo*, mas é aplicado como transparência sobre as sombras *azuis* do véu *que de fato resultam verdes, enquanto comparecem em seu tom azul originário nas pequenas lacunas do verniz amarelo*, o que seria impossível se o amarelo fosse *a corpo* e não transparente. Ademais, no lado direito, onde o repinte do seguidor de Duccio se junta ao véu do século XIII, é indubitável a sobreposição do *branco* do véu do seguidor de Duccio ao verniz amarelo do véu de Coppo.

A respeito da última observação que "the ruby red paint in the middle of the footstool ...is quite clearly later repainted along the line of a crack in the panel"[46], essa afirmação mostra simplesmente que se *confundiu* a amostra de repinte deixada como testemunho e que nem

---

46. "A pintura vermelho-rubi no meio do supedâneo... é muito claramente repintada depois seguindo a linha da fissura do painel." (N. da T.)

sequer foram considerados os pequenos, mas indubitáveis, restos do verniz vermelho e transparente com o qual Coppo havia feito as *sombras* para a almofada-supedâneo, para conferir-lhes certa redondez sem alterar o quadriculado da trama do tecido representado. Assim como fez, *como veladura, mas não com o verniz translúcido*, para a outra almofada sobre a qual se senta a Madona e para as pregas do panejamento do fundo do trono. Trata-se apenas de *saber ler* uma pintura.

Por fim, no que tange à *vexata quaestio* das veladuras sobre o Gozzoli de Perugia de 1456, já respondemos na nossa carta à *Burlington*, em que se publicou também uma nova fotomacrografia da gota de cera retirada.

Para maior confusão dos nossos contraditores, republicamos uma outra fotomacrografia que mostra o destaque que se operou sobre a superfície da pintura e uma fotomacrografia da gota de cera ainda no local que, segundo Mac Laren e Werner, deveria ter ao seu redor, *e não tem*, uma acumulação de verniz[47]. Dados, pois, esses documentos irrefutáveis da inconsistência das críticas

---

47. Sobre a restauração do retábulo de Pesaro já escrevemos várias vezes: *Catalogo V Mostra di Restauri*, Roma, 1948; *Burlington Magazine*, july 1949; *Bollettino dell'Istituto Centrale del Restauro*, 1950, n. 2, pp. 57-62; Verbete "Restauro", *Enciclopedia Italiana*.
Sobre a restauração da *Madona* de Coppo di Marcovaldo: *Catalogo V Mostra di Restauri*, op. cit.; *Burlington Magazine*, july 1949; Verbete "Restauro" in *Enciclopedia Italiana*; *Bollettino d'Arte*, 1950, pp. 160-170.
Sobre o restauro da obra de Gozzoli: *Catalogo VI Mostra di Restauri*, Roma, 1949; *Burlington Magazine*, july 1949; *Bollettino dell'Istituto Centrale del Restauro*, 1950, n. 2, pp. 57-62.

que nos foram dirigidas, resta-nos apenas concluir. Não deixamos um só ponto em suspenso e uma crítica sequer sem resposta. Teríamos todo o direito de nos lamentar da leviandade com que as críticas supracitadas nos foram dirigidas e do desdém com que isso foi feito. Mas preferimos dirigir um apelo ao bom senso dos nossos contraditores, a quem uma tão grave responsabilidade incumbe: as restaurações da National Gallery. Reconheçam que a nossa teoria da pátina sai de suas críticas mais validada do que nunca; cessem esse insensato obstrucionismo para apontar lealmente os fatos errados e os golpes esconsos.

Aquilo que aconteceu na Bélgica na restauração da *Adoration de l'Agneau Mistique*, para a qual um Conselho internacional de críticos e de responsáveis aprovou unanimemente o prudente critério de limpeza pelo qual lutamos há tempos, é a demonstração mais eloquente de que a *verdade acaba sempre por se manifestar*. Também Mac Laren estava presente e não protestou, não sustentou a retirada integral do verniz. Reconhecemos isso com prazer e com a esperança de que dessas tediosas disputas, enterrando-se personalismos e teimosias, nasça uma efetiva e leal colaboração que todos auspiciamos.

7. Retirar ou Conservar as Molduras como Problema de Restauração[1]

Na revisão geral por que em todo o mundo os Museus estão passando no que se refere à apresentação, iluminação, conservação das obras (de modo que disso nasceu uma nova disciplina, singular quadrívio entre ciência, história, estética e moda, a Museografia) um problema se colocou com uma atualidade que jamais havia possuído até agora: o problema das molduras. A atualidade vem do fato de que, até vinte anos atrás, praticamente ninguém discutia a necessidade da moldura, mesmo que reduzida ao mínimo de uma ripa. A orientação geral é agora, pelo menos para a pintura contemporânea, a renúncia a qualquer resíduo de moldura. Dado que, no

1. *Bollettino dell'Istituto Centrale del Restauro*, 1958, n. 36, pp. 143-148.

entanto, por mais que se coloquem limites históricos e estilísticos, a fronteira entre a arte antiga e a contemporânea se desloca aos poucos assim como se desloca o horizonte para quem caminha, também para os quadros antigos se começou há algum tempo a remover as molduras. Aquele que escreve este texto se considera até um dos primeiros responsáveis nessa matéria. Há quase vinte anos, quando em 1942 fizemos a mostra dos restauros no Instituto de Restauração, ousamos apresentar pinturas antigas (Brescianino, Benvenuto di Giovanni) sem as molduras, suspendidas em um enquadramento que deixava à vista, entre a régua e a pintura, o fundo de tecido[2]. Para reforçar a nossa audácia, invocamos uma passagem de Kant, da *Crítica do Juízo*, que abalou o conformismo oficial e não oficial ainda mais do que a audácia sacrílega de ter retirado as molduras. A passagem é a seguinte: "Mas se o friso não consiste em si mesmo na bela forma, e é utilizado como as molduras douradas, apenas para assegurar que o quadro seja admirado mediante um atrativo, então isso se chama *ornamento* e prejudica a pura beleza". Se invocamos Kant, com certeza não foi para legitimar uma excentricidade, como parecia então, mas porque queríamos colocar o problema da moldura do ponto de vista da estética e não daquele usual da decoração. Por mais que Kant não fosse particularmente sensível à pintura, havia evidenciado por completo a função colateral e saliente da moldura. Mas além de ser vistosa,

2. Cf. *Le Arti*, 1942, pp. 366 e ss.

a moldura indica uma função precisa, mesmo se colateral em relação à obra de arte em si: da individualização dessa função deriva também a possibilidade de resolver o problema da moldura.

A função da moldura define-se então, acima de tudo, como ligação espacial: o seu ofício revela-se muito mais secreto e substancial do que aquele cumprido manifestamente pelo contorno ou pela douração. Ou seja, trata-se de resolver uma dúplice passagem: a primeira entre o espaço físico do ambiente em que está imerso o espectador e a espacialidade da pintura; a segunda, entre essa espacialidade e a espacialidade própria da parede sobre a qual a pintura é colocada. A dedução dessas duas intrínsecas funções atribuídas à moldura não é uma imposição unilateral daquele que escreve, mas deriva da constatação de que cada um dos três elementos enucleados – espacialidade da imagem, espacialidade da parede ou arquitetônica, espaço físico do espectador – interagem a um só tempo e não podem ser considerados independentes um do outro no ato do manifestar-se da pintura. Para assegurar à tal "epifania" a indispensável suspensão do tempo e o seu manifestar-se em um eterno presente, faz-se então necessário disciplinar essa interação criando uma ligação, uma passagem, uma suspensão. A invenção da moldura foi um dos modos para resolver tal necessidade de ligação e suspensão. Foi dito: um dos modos. E, com efeito, a história da arte, da clássica à oriental, nos dá, mesmo para o passado remoto, soluções nada unívocas e que evidenciam a maior ou menor lucidez crítica com que se chega a definir a dúplice relação espacial entre observador e pintura, entre pintura e fundo. O enquadramento de papel e tecido dos *Kakemono* japoneses, assim como as falsas arquiteturas pompeanas em torno dos *pinakes*, são outras soluções. Mas essas soluções, vinculadas inevitavelmente ao "gosto" do tempo, não poderiam, aliás, ser de todo arbitrárias. Nenhuma é definitiva e nenhuma é arbitrária. Com efeito, uma vez evidenciada a necessidade de ligação ou, mesmo, de dúplice ligação, a solução não derivava de si mesma por lógica matemática, mas devia ser *inventada*. Acontece que essa *invenção* não podia prescindir dos dados formais que constituíam o patrimônio vigente da época em que a solução era excogitada. Nesse ponto, surge uma outra consideração fundamental: ou seja, que o problema da ligação concerne à fruição *atual* da pintura, e não à pintura em si. A ligação não atinge a pintura como realidade pura, mas a pintura como se revela realidade pura na consciência atual do observador. A diferença é substancial, pois a ligação dirá respeito ao eterno presente da obra só quando esse eterno presente se deva manifestar no presente histórico de uma consciência. Deduz-se disso que o problema da ligação não pode ser resolvido de uma vez por todas, nem sequer pelo autor da pintura, a menos que sejam fixados para sempre os termos da espacialidade contígua à pintura. Se esses termos forem alterados, inevitavelmente a solução da ligação deverá ser diversa. Mas essa diversidade não poderá consistir apenas em um diferente contorno de moldura, mas, ao contrário, deverá ser resolvida partindo da espacialidade do fundo sobre o qual a pintura será posta. E é aqui que a argumentação, tendo dado um passo adiante, exige um novo aprofundamento em relação à espacialidade contígua do fundo sobre o qual a pintura é colocada. Esse fundo se caracteriza em geral como parede. Mas qualquer parede tem um valor espacial específico, não apenas pelo fato físico de ser externa ou interna, mas pela qualificação que a impostação arquitetônica do edifício confere a ela. Por impostação entendemos o tema espacial particular que a arquitetura tratou: seja ele exterior ou interior, a parede terá intrinsecamente um significado espacial diverso e manifestação diferente nas formulações históricas assumidas pelo tema. Assim, o tema do interior tratado pela arquitetura bizantina produzirá a parede com um valor espacial diverso daquele que recebe na arquitetura de Wright, que também trata o tema do interior; mas ainda mais diferente será o valor espacial da parede de Wright em relação àquela de um edifício de Brunelleschi[3]. Para os fins do problema específico que nos interessa, duas acepções espaciais da parede aparecem como fundamentais: ou é tratada como um plano, ou é tratada como uma superfície. Se é tratada como um plano, a ligação com a espacialidade da pintura deverá ser colocada como uma ligação entre planos diversos; se é

---

3. Sobre todo o problema do interior e do exterior, como as próprias dimensões da espacialidade arquitetônica e como *tema espacial* da arquitetura nos vários momentos históricos, remetemos ao nosso *Eliante o dell'Architettura* (Torino, Einaudi, 1956).

tratada como superfície, o problema mudará segundo as características espaciais da pintura, até o ponto de que se ela, por sua vez, colocar a espacialidade como superfície, poderá bastar inclusive o simples destaque que se produz entre a superfície do fundo e a superfície da pintura para criar um estrato espacial isolante. Mas apesar de nesse caso parecer que tenha importância predominante a espacialidade da pintura, na realidade as bases da solução são sempre dadas, antes de mais nada, pelos dados espaciais oferecidos pela parede. Para que não pareça que queremos *forçar* a história com uma interpretação pessoal, basta recordar que Alberti tinha reconhecido que toda parede "tem em si sua pirâmide". Por isso, dado que até o surgimento da moderna arquitetura, ou seja, até mais ou menos 1910, não havia existido fratura com a espacialidade perspéctica renascentista, pode-se asserir que nas construções até aquela época, a parede havia conservado uma dissimulada estrutura perspéctica no âmbito do interior assim como do exterior. A solução que então exige a parede perspéctica, não por certo a única – nem jamais o pôde ser, nem sequer no primeiro Renascimento – gradua-se e modula-se a partir daquela base, até se chegar à suprema consciência barroca.

Esse breve *excursus* intencionava simplesmente apresentar as seguintes constatações. Primeira: a ligação espacial que se materializa na moldura é um problema arquitetônico e não pictórico. Segunda: a instância histórica que exige o respeito e o *status quo* das ligações espaciais das pinturas é válida, de todo modo, apenas quando permaneceu inalterada a ambientação espacial originária da pintura.

A essas duas proposições seguem corolários. Com base na primeira, reconhece-se, com efeito, a necessidade da ambientação da pintura, mas *sem falsos critérios de continuidade estilística*. O ambiente arquitetônico em que é posta a pintura *decidirá* a sorte da ligação espacial a ser empregada. Por isso, o critério de pôr uma moldura do Quatrocentos em uma pintura do Quatrocentos não é taxativo.

Com a segunda proposição, restringe-se de modo absoluto a manutenção do *status quo* ao caso em que o próprio ambiente seja em si obra de arte. E deve-se acrescentar que, mesmo nesse caso, será com frequência árduo suportar a pouca visibilidade de uma obra incomparável conservada em seu habitáculo originário. Mas, com exceção desse caso, a conservação de uma ligação espacial jamais será axiomática e poderá ou deverá ser colocada em discussão.

Nesse ponto, podemos esclarecer uma ressalva e reconduzir naturalmente o problema da ligação, *id est*, das molduras, ao âmbito da restauração, assim como o temos definido nos nossos escritos teóricos. Deixar ou retirar uma moldura não é operação diversa daquela que consiste no respeito total ou parcial das adições de uma obra de arte. Também a colocação de uma moldura faz parte da história, da transmissão da pintura no gosto de uma época. Assim como deixamos a cabeça do seguidor de Duccio na *Madona* de Coppo de 1261, também deixaremos as molduras redundantes da Galeria Pitti, dado que a Galeria Pitti é em si um monumento artístico, um conjunto originário em sua quase totalidade. Os exemplos podem ser infinitos, mas a ser resolvidos toda vez de um modo singular e não de um modo totalizador. Portanto, as molduras de estuque ou de mármore entorno dos afrescos, os tetos dourados que contêm telas de Veronese ou de Tintoretto não apenas devem ser conservados, mas também a sistematização de uma coleção com a apresentação particular das molduras de um certo tempo terá direito de ser levada em consideração.

Aquilo que, ao contrário, devemos excluir, e esperamos que agora se veja claramente como não deva ser feito disso uma questão de gosto, é a solução simplista de retirar as molduras dos quadros antigos sem substituí-las com uma ligação diversa. Esse é o erro da Galeria do Palácio Bianco em Gênova: não se resolve o problema negando-o. Uma boa solução foi a adotada em certos casos por Scarpa para a Academia de Veneza: uma faixa anular de vazio entorno da pintura. Mas é claro que não possuímos nenhuma receita universal para aconselhar.

Quando tratamos desse assunto pela primeira vez[4], partimos de um exemplo concreto, da nova ordenação do Jeu de Paume, cuja intenção fundamental foi a de respeitar ao máximo, e em muitos casos reconstruir, aquilo que era o gosto dos Impressionistas em relação às mol-

---

4. No semanal *Il Punto* (Roma, 14 de março de 1959, n. 11).

duras. Não duvidamos dessa intenção, antes, reconhecemos inclusive como a proposta dos organizadores proviesse de um grande e laudável escrúpulo histórico, mas, com efeito, dado que teoricamente colocamos o problema das molduras não de modo histórico, mas em termos figurativo-arquitetônicos de ligação espacial, não poderíamos aderir por completo a uma impostação que se alinha, em última análise, com a teoria da repristinação. E essa representa uma etapa, mas apenas uma etapa, do pensamento histórico sobre a restauração.

Tampouco o critério histórico adquire maior autoridade quando se fundamenta não apenas no *gosto do tempo* – por certo muito documentado para os Impressionistas – mas nas preferências declaradas ou implícitas dos próprios autores[5]. A moldura, de fato, diz respeito ao autor apenas enquanto o autor é também espectador de si próprio; pode ser uma interpretação *autêntica*, assim como também para a lei existe uma interpretação *autêntica*: tornando-se lei, uma outra lei. Isso, com efeito, acontece para os enquadramentos pintados (mas nem por isso deixam de ser "molduras") das abóbadas da Sistina ou da Galeria Farnese dos Carracci: os quadros, dentro daquelas molduras, formavam uma nova e global obra de arte: por assim dizer, uma outra lei. Não surpreende, então, que Monet já pudesse ter pensado, para as suas obras tardias (1915-1923) na eliminação das molduras. O na-

---

5. Muito louvável, perspicaz e sutil é a investigação dedicada a esses problemas por G. Bazin no prefácio do *Catalogue des peintures impressionistes*, Paris, Musées Nationaux, 1958, pp. XIV-XXIII.

turalismo desenfreado das *Nimphéas* bem podia exigir que a *tranche de vie* se transformasse no próprio espaço vivido pelo espectador, de modo que, mais do que de ligações, Monet poderia crer que as suas pinturas necessitassem de uma continuidade de atmosfera e não apenas de espaço. Mas a pintura permanece pintura e a solução para expor uma pintura depende, acima de tudo, da espacialidade do fundo: de como é percebido o fundo dependerá o tipo de ligação com a espacialidade da pintura. O contrário é falso.

Do Museu-casa que foi habitado, do tipo Jacquemart-André ou Poldi-Pezzoli, passando pelo Museu reconstruído como ambiente, com móveis, cerâmicas, tapetes e assim por diante, chegamos, enfim, ao Museu, que é fundamentalmente um *lugar arquitetônico* para fazer com que se possa fruir plenamente, mas em si próprias, as obras de arte que ali se alojam. A ligação espacial entre essas obras e o *lugar arquitetônico* fornecerá, precisamente, a medida exata *da consciência crítica da época que produz aquele lugar arquitetônico*.

Mas para essa *ligação* não existe solução pré-fabricada do autor nem é possível de ser reconstruída pacientemente através da história do gosto. A Museografia como *restauração preventiva*: eis, pois, o nosso axioma. Como restauração preventiva entenda-se predispor as condições mais adequadas para a conservação, a visibilidade, a transmissão da obra para o futuro; mas também como salvaguarda das exigências figurativas que a espacialidade da obra produz no que concerne à sua ambientação.

Nesse ponto, deveríamos poder indicar o Museu perfeito da atualidade, mas nem sequer podemos dar um exemplo porque não se levou em conta o bastante o novo valor que a parede adquire na arquitetura moderna, nem o valor indiscutível que possui a parede na arquitetura antiga, nem em que medida uma parede antiga pode transformar-se em arquitetura moderna. O problema foi colocado pura e simplesmente do ponto de vista do quadro e não do ponto de vista da parede: desse erro inicial derivam as falsas soluções da remoção pura e simples da moldura, assim como das repristinações historicistas ou das interpretações esquemáticas das complexas ligações plásticas transmitidas pela tradição histórica sob a denominação de moldura.

Quem não ouviu lamentos, de artistas e profanos, de que não se sabe mais desenhar, inventar o perfil de uma moldura? E veremos então que não se trata de impotência criativa, mas de impossibilidade teórica. Se em algum momento a arquitetura mudasse o tema espacial, poderia então acontecer que o problema da ligação de uma pintura com a parede voltasse a se apresentar sob a forma de moldura.

Hoje em dia, o problema pode ser colocado apenas em seus termos presentes, que excluem, também para um novo museu de pintura antiga, que a ligação espacial das pinturas seja confiada necessária ou somente às molduras, sem uma nova mediação entre moldura antiga e parede nova; mas excluem também que a ligação se possa produzir de forma espontânea com a simples remoção das molduras. Não se trata de colocar vinho novo em odres velhos, como advertia o Evangelho, nem da operação contrária. Trata-se, antes, de pegar uma garrafa empoeirada por ser antiga e de *colocá-la* de modo que o seu pó não pareça sujeira, mas apenas uma preciosa atestação de antiguidade e de autenticidade.

Nem a garrafa deve ser limpa, nem a parede deve ser sujada. Com essa admoestação chã encerraremos este último capítulo da teoria da restauração.

Apostila

Não é sem interesse ver a confirmação daquilo que precede na investigação da moldura feita do ponto de vista do *Gestaltismo*. Arnheim[6] reconhece na moldura um dos casos da oposição de figura e de fundo, que é uma das relações mais fecundas estudadas pela psicologia da forma. Se para nós é duvidoso que a ideia da moldura, para a época moderna, derive da janela, não é dúbia a origem arquitetônica da moldura e que o quadro com a moldura venha a se relacionar com a parede como a figura com o fundo; mas além dessa relação global moldura-quadro em relação à parede, existia a relação de figura e fundo da moldura em relação à pintura a que se sobrepunha. Era natural, por isso, que o uso da moldura

---

6. R. Arnheim, *Art and visual perception*, University of California, 1957, p. 192.

durasse aquilo que se sentia ser necessário para destacar a espacialidade da pintura do espaço ambiente, de que a parede constitui apenas um limite casual. Mas desde que "os pintores começaram a reduzir a profundidade do espaço pictórico e a distender planos [...] a pintura começou a *snatch the contour*[7] da moldura, ou seja, a fazer do contorno o limite externo da pintura, em vez de o interior da moldura". Com isso caía a relação de figura e fundo da moldura no que concerne à pintura. "A moldura adaptou-se à sua nova função, seja reduzindo-se a uma tênue lista – um mero contorno – seja inclinando-se para trás (*reverse section*) e desse modo apresentando a pintura como uma superfície contornada, uma 'figura' que jaz diretamente sobre a parede".

---

7. "Pegar o contorno", no sentido de alcançar, atingir o contorno. (N. da T.)

Carta de Restauração
1972

Com a circular n. 117 de 6 de abril de 1972, o Ministério da Instrução Pública divulgou a Carta de Restauração de 1972 a todos os Superintendentes e Chefes de Institutos autônomos, com a disposição de que se ativessem escrupulosa e obrigatoriamente, para toda intervenção de restauro em qualquer obra de arte, às normas contidas na mesma Carta e nas instruções anexas, que aqui são publicadas na íntegra.

Nota à Carta de Restauração

A consciência de que as obras de arte – entendidas na acepção mais vasta que vai do ambiente urbano aos monumentos arquitetônicos e àqueles da pintura e da escultura, e do remanescente paleolítico às expressões figurativas das culturas populares – devam ser tuteladas de modo orgânico e paritário, leva necessariamente à elaboração de normas técnico-jurídicas que sancionem os limites dentro dos quais deve ser entendida a conservação, seja como salvaguarda e prevenção, seja como intervenção de restauro propriamente dita. Nesse sentido, constitui uma honra da cultura italiana o fato de – ao concluir-se uma práxis de restauração que paulatinamente havia corrigido os arbítrios dos restauros de repristinação –, haver elaborado, já em 1931, um documento que foi chamado Carta de Restauração em que, apesar de o objeto restringir-se aos monumentos arquitetônicos, podiam ser facilmente extraídas e estendidas normas gerais para qualquer restauração, mesmo de obras de arte pictóricas e escultóricas.

Infelizmente, essa Carta de Restauração jamais possuiu força de lei e quando, na sequência, pela consciência cada vez mais ampla que se adquiria em relação aos perigos a que uma restauração conduzida sem precisos critérios técnicos expunha as obras de arte, pretendeu-se, em 1938, atender a essa necessidade, seja criando o Instituto Central de Restauração para as obras de arte, seja encarregando uma Comissão ministerial de elaborar normas unificadas que a partir da arqueologia abarcassem todos os ramos das artes figurativas; tais normas, que poderiam ser definidas como áureas, permaneceram também sem força de lei, como instruções internas da Administração, e nem a teoria nem a práxis que em seguida foram elaboradas pelo Instituto Central de Restauração foram estendidas a todas as restaurações de obras de arte na Nação.

A falta de aperfeiçoamento jurídico dessa regulamentação de restauro não tardou a se revelar deletéria, seja pelo estado de impotência em que nos deixava diante dos arbítrios do passado também no campo da restauração (e sobretudo de estripações e alterações de ambientes antigos) seja, na sequência das destruições bélicas, quando um compreensível, mas nem por isso menos repreensível, sentimentalismo defronte aos monumentos danificados ou destruídos, forçou a mão de modo a reconduzir a repristinações e a reconstruções sem as precauções nem restrições que tinham sido o mérito da ação italiana de restauro. Nem danos menores se prospectavam a partir das exigências de uma equivocada modernidade e de um urbanismo grosseiro, que no crescimento das cidades e com o pretexto do tráfego levava precisamente a não respeitar o conceito de ambiente que, ultrapassando o critério restrito de monumento singular, tinha representado uma notável conquista da Carta de Restauração e das instruções sucessivas. Em relação ao campo mais controlável das obras de arte pictóricas e esculptóricas, mesmo na falta de normas jurídicas, apesar de uma maior cautela na restauração ter evitado danos graves – a exemplo das consequências das funestas limpezas integrais, como infelizmente ocorreu no Exterior –, no entanto, a exigência da unificação de métodos revelou-se imprescindível, mesmo para intervir de modo válido em obras de propriedade privada, obviamente não menos importantes para o patrimônio artístico nacional do que as de propriedade estatal ou pública.

Carta de Restauração 1972

Art. 1º. Todas as obras de arte de qualquer época, na acepção mais vasta, que vai dos monumentos arquitetônicos aos de pintura e escultura, mesmo se em fragmentos, e do remanescente paleolítico às expressões figurativas das culturas populares e da arte contemporânea, pertencentes a qualquer pessoa ou instituição, para os fins de sua salvaguarda e restauração, são objeto das presentes instruções, que adotam o nome de "Carta de Restauração 1972".

Art. 2º. Além das obras indicadas no artigo precedente, são assimiladas a elas, para assegurar sua salvaguarda e restauração, os conjuntos de edifícios de interesse monumental, histórico ou ambiental, em particular os centros históricos; as coleções artísticas e as decorações conservadas em sua disposição tradicional; os jardins e parques que forem considerados de particular importância.

Art. 3º. Entram na disciplina das presentes instruções, além das obras definidas nos artigos 1º e 2º, também as operações voltadas a assegurar a salvaguarda e a restauração dos vestígios antigos relacionados às pesquisas terrestres e subaquáticas.

Art. 4º. Entende-se por salvaguarda toda e qualquer medida conservativa que não implique a intervenção direta sobre a obra; entende-se por restauração toda e qualquer intervenção voltada a manter em eficiência, a facilitar a leitura e a transmitir integralmente ao futuro as obras e os objetos definidos nos artigos precedentes.

Art. 5º. Todas as Superintendências e Institutos responsáveis pela conservação do patrimônio histórico-artístico e cultural elaborarão um programa anual e pormenorizado dos trabalhos de salvaguarda e de restauração, assim como das pesquisas subterrâneas e subaquáticas a serem realizadas, seja por conta do Estado, seja de outras Instituições ou pessoas, que será aprovado pelo Ministério da Instrução Pública, mediante parecer conforme do Conselho Superior de Antiguidades e Belas Artes.

No âmbito desse programa, ou depois da apresentação do mesmo, qualquer intervenção nas obras referidas no art. 1º deverá ser ilustrada e justificada por um relatório técnico em que constarão, além das vicissitudes da conservação da obra, seu estado atual, a natureza das intervenções consideradas essenciais e as despesas necessárias para lhes fazer frente.

Esse relatório será igualmente aprovado pelo Ministério de Instrução Pública, com parecer prévio, para os casos urgentes ou duvidosos e para aqueles previstos na lei, do Conselho Superior de Antiguidades e Belas Artes.

Art. 6º. Com relação aos fins a que, pelo art. 4º, devam corresponder as operações de salvaguarda e restauração, proíbem-se indistintamente para todas as obras de arte a que se referem os artigos 1º, 2º e 3º:

1. completamentos em estilo ou analógicos, mesmo se com formas simplificadas, ainda se existirem documentos gráficos ou plásticos que possam indicar qual era o estado ou devia ser o aspecto da obra acabada;
2. remoções ou demolições que apaguem a passagem da obra através do tempo, a menos que se trate de alterações limitadas, deturpadoras ou incongruentes em relação aos valores históricos da obra, ou de completamentos em estilo que falsifiquem a obra;
3. remoção, reconstrução ou recolocação em lugares diversos dos originários; a menos que isso seja determinado por superiores razões de conservação;
4. alteração das condições acessórias ou ambientais em que chegou até os nossos tempos a obra de arte, o conjunto monumental ou ambiental, o complexo decorativo, o jardim, o parque etc.;
5. alteração ou remoção das pátinas.

Art. 7º. Em relação aos mesmos fins a que se refere o art. 6º e indistintamente para todas as obras a que se referem os artigos 1º, 2º e 3º, admitem-se as seguintes operações ou reintegrações:

1. acréscimos de partes acessórias com função estática e reintegrações de pequenas partes historica-

mente confirmadas, executadas, segundo o caso, seja determinando de modo claro o perímetro das integrações, seja adotando material diferenciado, embora harmônico, claramente distinguível a olho nu, em particular nos pontos de ligação com as partes antigas, ademais com siglas e datas sempre que possível;

2. limpezas que, para as pinturas e esculturas policromadas, não devem nunca atingir a película da cor, respeitando a pátina e eventuais vernizes antigos; para todas as outras categorias de obras, não se deverá chegar à superfície nua da matéria de que são feitas as próprias obras;

3. anastiloses documentadas de modo seguro, recomposições de obras que se fragmentaram, sistematização de obras lacunosas, reconstituindo os interstícios de pouco vulto com técnica claramente distinguível a olho nu, ou com zonas neutras realizadas em nível diverso das partes originárias, ou ainda deixando à vista o suporte originário e, de todo modo, jamais integrando *ex novo* zonas figuradas e inserindo elementos determinantes para a figuratividade da obra;

4. modificações e novas inserções com finalidade estática e de conservação na estrutura interna ou no substrato ou suporte, desde que, depois de completada a operação, não haja alteração, nem cromática nem da matéria, tal como se observa na superfície;

5. nova ambientação ou sistematização da obra, quando não mais existirem ou tiverem sido destruídas a

ambientação ou a sistematização tradicional, ou quando as condições de conservação exigirem a remoção.

Art. 8º. Toda intervenção na obra, ou mesmo na área a ela contígua, para os efeitos do disposto no art. 4º, deve ser executada de modo tal, e com tais técnicas e materiais, que possa ficar assegurado que, no futuro, não tornará impossível uma nova eventual intervenção de salvaguarda ou de restauração. Além disso, toda intervenção deve ser previamente estudada e justificada por escrito (último parágrafo do art. 5º) e de seu decorrer deverá ser elaborado um diário, que será seguido por um relatório final, com a documentação fotográfica de antes, durante e depois da intervenção. Serão ainda documentadas todas as pesquisas e análises eventualmente realizadas com o subsídio da física, da química, da microbiologia e de outras ciências. De toda essa documentação será conservada uma cópia no arquivo da Superintendência competente e uma outra cópia será enviada ao Instituto Central de Restauração.

No caso das limpezas, em um lugar situado, se possível, em área limítrofe da zona sobre a qual se atuará, deverá ser conservada uma mostra do estado anterior à intervenção, enquanto no caso das adições, as partes removidas deverão, se possível, ser conservadas ou documentadas em um arquivo-depósito das Superintendências competentes.

Art. 9º. O uso de novos procedimentos de restauração e de novos materiais, em relação aos procedimentos e materiais cujo uso é vigente ou, de qualquer modo, aceito, deverá ser autorizado pelo Ministro da Instrução Pública, com parecer conforme e justificado do Instituto Central de Restauração, a que também competirá promover ações junto ao próprio Ministério para desaconselhar materiais e métodos antiquados, nocivos ou, em todo caso, não verificados, sugerir novos métodos e o uso de novos materiais, definir as pesquisas que se devam prover com equipamentos e com especialistas que não fazem parte do equipamento e do pessoal à sua disposição.

Art. 10º. As medidas destinadas a preservar dos agentes poluentes e das variações atmosféricas, térmicas e higrométricas as obras a que se referem os artigos 1º, 2º e 3º, não deverão ser tais de modo a alterar sensivelmente o aspecto da matéria e a cor das superfícies, ou que exijam modificações substanciais e permanentes do ambiente em que as obras foram transmitidas historicamente. Se, contudo, modificações desse gênero forem indispensáveis para o fim superior da conservação, tais modificações deverão ser feitas de modo a evitar qualquer dúvida sobre a época em que foram executadas, e com as modalidades mais discretas.

Art. 11º. Os métodos específicos a serem utilizados como procedimento de restauração – em especial para monumentos arquitetônicos, pictóricos, escultóricos, para os centros históricos em seu complexo e, ainda, para a execução de escavações –, estão especificados nos anexos *A*, *B*, *C* e *D* das presentes instruções.

Art. 12º. Nos casos em que seja dúbia a atribuição das competências técnicas, ou em que surjam conflitos a respeito, o Ministro decidirá, em função dos relatórios dos superintendentes ou diretores de institutos interessados, ouvido o Conselho Superior de Antiguidades e Belas Artes.

Anexo A
Instruções para a Salvaguarda e a Restauração das Antiguidades

Além das normas gerais contidas nos artigos da Carta de Restauração, é necessário, no campo das antiguidades, ter presentes exigências particulares relativas à salvaguarda do subsolo arqueológico e à conservação e à restauração dos achados durante as prospecções terrestres e subaquáticas relacionadas no artigo 3º.

O problema de primária importância da salvaguarda do subsolo arqueológico está necessariamente ligado à série de disposições e de leis referentes à expropriação, à aplicação de vínculos especiais, à criação de reservas e parques arqueológicos. Concomitantemente às várias medidas a serem tomadas nos diversos casos, será, de qualquer modo, sempre necessário um acurado reconhecimento do terreno, com o intuito de recolher todos os eventuais dados encontráveis na superfície, os materiais cerâmicos esparsos, a documentação de elementos que tenham por ventura aflorado, recorrendo, ademais, à ajuda da aerofotografia e das prospecções (elétricas, eletromagnéticas etc.) do terreno, de modo que o conhecimento o mais completo possível da natureza arqueológica do terreno permita a elaboração de diretrizes mais precisas para a aplicação das normas de salvaguarda, da natureza e dos limites dos vínculos, para a elaboração de planos diretores e para a vigilância no caso de execução de trabalhos agrícolas ou edilícios.

Para a salvaguarda do patrimônio arqueológico submarino, ligada às leis e disposições que vinculam as escavações subaquáticas, voltadas a impedir a violação indiscriminada e a inconsiderada manipulação indevida dos restos de navios antigos e de sua carga, de ruínas submersas e de esculturas afundadas, impõem-se providências muito particulares, a começar pela exploração sistemática das costas italianas por pessoal especializado, com o fim de chegar à compilação acurada de uma *Forma Maris* com a indicação de todos os remanescentes e monumentos submersos, seja para os fins de sua tutela, seja para a programação das pesquisas científicas subaquáticas. A recuperação de restos de uma embarcação antiga não deverá ser iniciada antes que tenham sido predispostos os locais e o particular equipamento necessário, que permitam a recuperação dos materiais retirados do fundo do mar e todos os tratamentos específicos que requerem sobretudo as partes lígneas, com longas e prolongadas lavagens, banhos com particulares substâncias consolidantes, com determinado condicionamento do ar e da temperatura. Os sistemas de extração e de recuperação de embarcações submersas deverão ser estudados de vez em vez, em função do estado particular dos remanescentes, levando-se em conta também as experiências adquiridas internacionalmente nesse campo, sobretudo nas últimas décadas. Nessas particulares condições de descoberta – assim como nas prospecções arqueológicas terrestres normais – deverão ser consideradas as especiais exigências de conservação e de restauração dos objetos segundo o seu tipo e a sua matéria; por exemplo, para os materiais cerâmicos e para as ânforas, deverão ser tomadas todas as precauções que consintam identificar eventuais resíduos ou traços do conteúdo, constituindo preciosos dados para a história do comércio e da vida na Antiguidade; particular atenção deverá, ademais, ser dada ao achado e fixação de eventuais inscrições pintadas, em especial no corpo das ânforas.

Durante as explorações arqueológicas terrestres, enquanto as normas de recuperação e de documentação se inserem mais especificamente no quadro das normas relativas à metodologia das escavações, naquilo que concerne à restauração, devem ser tomadas as precauções que, durante as operações de escavação, garantam a imediata conservação dos achados, em particular se forem facilmente perecíveis, e a ulterior possibilidade de salvaguarda e restauração definitivas. No caso de serem encontrados elementos desprendidos de decoração de estuque, ou de pintura, ou de mosaico ou de *opus sectile*, é necessário, antes e durante a sua remoção, mantê-los unidos versando gesso sobre eles, com gazes e adesivos adequados, de modo a facilitar a sua recomposição e restauração em laboratório. Na recuperação de vidros, é aconselhável não proceder a nenhum tipo de limpeza durante a escavação, pela facilidade com que podem desagregar-se. No que concerne às cerâmicas e terracotas é indispensável não prejudicar, com lavagens ou limpezas apressadas, a presença eventual de pinturas, vernizes, inscrições. Particulares cuidados se impõem ao se recolherem objetos ou fragmentos de metal, sobretudo se oxidados, devendo-se recorrer, além de a sistemas de consolidação, se for o caso também a suportes adequados. Especial atenção deverá ser prestada nos possíveis traços ou impressões de tecidos. Entra sobretudo no quadro da arqueologia pompeana o uso, já ampla e brilhantemente experimentado, de se obter calques dos negativos de plantas e de materiais orgânicos perecíveis, mediante o emprego de gesso versado nos vazios que permaneceram no terreno.

Para os fins da aplicação dessas instruções é necessário que, durante o desenrolar das escavações, seja garantida a disponibilidade de restauradores prontos, quando necessário, para uma primeira intervenção de recuperação e fixação.

Com particular atenção deverá ser considerado o problema da restauração das obras de arte destinadas a permanecer, ou a ser recolocadas, depois da remoção, em seu lugar originário, em particular as pinturas e os mosaicos. Foram experimentados com êxito vários tipos de suportes, de chassis e de adesivos, em função das condições climáticas, atmosféricas e higrométricas, que, para as pinturas, permitem a recolocação nos ambientes adequadamente cobertos de um edifício antigo, evitando o contato direto com a parede e proporcionando uma montagem fácil e uma conservação segura. Devem, de qualquer modo, ser evitadas integrações, dando às lacunas uma entonação similar àquela da argamassa não acabada, assim como se deve evitar o uso de vernizes ou de ceras para reavivar as cores, pois são sempre sujeitas a alteração, bastando uma limpeza acurada das superfícies originais.

Quanto aos mosaicos, é preferível, quando possível, sua recolocação no edifício de que provêm e de que fazem parte integrante da decoração; em tal caso, depois de sua retirada – que, com os métodos modernos pode ser feita também em grandes superfícies sem realizar cortes – o sistema de cimentação com alma metálica inoxidável resulta, até agora, no mais adequado e resistente aos agentes atmosféricos. Para os mosaicos destinados, ao contrário, a ser expostos em museu, já é utilizado, em ampla escala, o suporte "sanduíche", resistente e manejável, de materiais ligeiros.

Particulares exigências de salvaguarda em relação aos perigos derivados da alteração climática requerem os interiores com pinturas parietais em seu lugar de origem (grutas pré-históricas, tumbas, pequenos ambientes); nesses casos, é necessário manter constantes dois fatores essenciais para uma melhor conservação das pinturas: o grau de umidade ambiental e a temperatura do ambiente. Esses fatores são facilmente alterados por causas externas e estranhas ao ambiente, em especial pela aglomeração dos visitantes, pela iluminação excessiva, pelas fortes alterações atmosféricas externas; por isso é necessário estudar medidas cautelares particulares também na admissão de visitantes, mediante câmaras de climatização interpostas entre o ambiente antigo a ser tutelado e o exterior. Tais precauções já foram aplicadas no acesso a monumentos pré-históricos com pinturas na França e na Espanha, e seriam auspiciáveis também para muitos de nossos monumentos (tumbas de Tarquínias).

Para a restauração dos monumentos arqueológicos, além das normas gerais contidas na Carta de Restauração e nas Instruções para o procedimento das restaurações arquitetônicas, será necessário ter presentes algumas exigências em relação às particulares técnicas antigas. Antes de mais nada, quando para a restauração completa de um monumento, que comporta necessariamente também seu estudo histórico, for necessário efetuar ensaios de escavações para o descobrimento das fundações, as operações devem ser realizadas com o método estratigráfico que pode oferecer dados preciosos sobre as vicissitudes e as fases do próprio edifício.

Para a restauração de paredes de *opus incertum*, *quasi reticulatum*, *reticulatum* e *vittatum*, se são usadas a mesma qualidade de tufo e os mesmos tipos de blocos, as partes restauradas deverão ser mantidas em um plano um pouco mais recuado, enquanto para as paredes laterícias, será oportuno cinzelar ou riscar a superfície dos tijolos modernos. Para a restauração de estruturas de *opus quadratum* foi experimentado de modo bem-sucedido o sistema de refazer os blocos com as medidas antigas, utilizando, ademais, lascas do mesmo material cimentado com argamassa misturada na superfície com pó do mesmo material para obter uma entonação cromática.

Como alternativa ao recuo da superfície nas integrações de restaurações modernas, pode-se, de modo útil, efetuar um sulco de contorno que delimite a parte restaurada ou inserir uma faixa sutil de materiais diversos. Do mesmo modo, pode ser aconselhável em muitos casos um tratamento superficial diferenciado dos novos materiais, mediante adequadas cinzeladuras das superfícies modernas.

Por fim, será oportuno colocar em todas as zonas restauradas placas com a data, ou gravar siglas ou marcas especiais.

O uso do cimento, com superfície revestida de pó do mesmo material do monumento a ser restaurado, pode ser útil também para a reintegração de tambores de colunas antigas de mármore, de tufo, ou de calcário, estudando o tom mais ou menos rústico a ser obtido em relação ao tipo de monumento; em ambiente romano, o mármore branco pode ser integrado com travertino ou calcário, em combinações já experimentadas com sucesso (restauração de Valadier do Arco de Tito). Nos monumentos antigos e em particular naqueles de época arcaica ou clássica, deve-se evitar a aproximação de materiais diversos e anacrônicos nas partes restauradas, que resulta estridente e ofensiva, também do ponto de vista cromático, enquanto podem ser utilizados vários expedientes para diferenciar o uso do mesmo material com que foi construído o monumento e que é preferível manter nas restaurações.

Um problema peculiar dos monumentos arqueológicos é o da cobertura de paredes arruinadas, para as quais é, antes de mais nada, necessário manter o perfil irregular da ruína; foi experimentado o uso de um estrato de argamassa mista à base de *cocciopesto*[1], que parece dar os melhores resultados, seja do ponto de vista estético, seja daquele da resistência aos agentes atmosféricos. Quanto ao problema geral da consolidação dos materiais arquitetônicos e das esculturas ao ar livre, devem-se evitar experimentações com métodos não comprovados o bastante, que podem produzir danos irreparáveis.

As providências para a restauração e a conservação dos monumentos arqueológicos devem, ademais, ser estudadas também em relação às diferentes exigências climáticas dos vários ambientes, particularmente diferenciados na Itália.

---

1. Trata-se de uma argamassa à base de cal aérea misturada com *cocciopesto*, ou seja, material cerâmico pilado, normalmente telhas ou tijolos. Dependendo do tamanho dos fragmentos, pode-se obter desde uma argamassa fina de revestimento, até uma espécie de betão, quanto maiores os fragmentos. (N. da T., que agradece João Mascarenhas Mateus pelas informações sobre o tema.)

Anexo B
Instruções para a Condução das Restaurações Arquitetônicas

Dado que as obras de manutenção executadas a tempo asseguram longa vida aos monumentos, evitando que os danos se agravem, recomenda-se o maior cuidado possível na vigilância contínua dos imóveis para se tomarem as providências de caráter preventivo, também com a finalidade de evitar intervenções de maior amplitude.

Recorde-se, ainda, a necessidade de considerar todas as operações de restauro sob um perfil substancialmente conservativo, respeitando os elementos acrescentados e evitando, de qualquer modo, intervenções inovadoras ou de repristinação.

Sempre com o objetivo de assegurar a sobrevivência dos monumentos, deve ser atentamente avaliada a possibilidade de novas utilizações dos antigos edifícios monumentais, caso não resultem incompatíveis com os interesses histórico-artísticos. As obras de adaptação deverão ser limitadas ao mínimo, conservando escrupulosamente as formas externas e evitando alterações sensíveis das características tipológicas, do organismo construtivo e da sequência dos percursos internos.

A elaboração do projeto para a restauração de uma obra arquitetônica deverá ser precedida de um atento estudo do monumento, feito a partir de diversos pontos de vista (que examinem a sua posição no contexto territorial ou no tecido urbano, os aspectos tipológicos, os traços marcantes e qualidades formais, os sistemas e características estruturais etc.) em relação à obra originária, assim como os eventuais acréscimos ou modificações. Serão parte integrante desse estudo as pesquisas bibliográficas, iconográficas e arquivísticas etc., para obter todos os possíveis dados históricos. O projeto será baseado em um completo levantamento gráfico e fotográfico, a ser interpretado também sob o aspecto metrológico, dos traçados reguladores e dos sistemas de proporção, e compreenderá um acurado e específico estudo para verificar as condições de estabilidade.

A execução das obras pertinentes à restauração dos monumentos, que são, em geral, operações delicadíssimas e sempre de grande responsabilidade, deverá ser confiada a empresas especializadas e, se possível, conduzida por administração direta[2], em vez de contabilizada "por quantidades" ou "por empreitada".

As restaurações devem ser continuamente vigiadas e dirigidas para se assegurar uma boa execução e para que se possa intervir de imediato sempre que se apresentarem fatos novos, dificuldades ou instabilidades das pa-

2. Em italiano foi utilizada a expressão *in economia*, ou seja, através do controle direto do comitente que será responsável pela aquisição dos materiais e pagamento da mão de obra; desse modo, os custos são aqueles implicados nas tarefas efetivamente realizadas e nos materiais realmente fornecidos e empregados. Isso se contrapõe às obras contabilizadas *a misura*, isto é, por quantidades (áreas, volumes, números de caixilhos etc.) e *a cottimo*, ou seja, por empreitada, pagas por um certo trabalho realizado independente do tempo empregado. (N. da T., que agradece João Mascarenhas Mateus pelo esclarecimento dessas expressões.)

redes; por fim, para evitar, em especial quando são utilizados a picareta e o martelo, que desapareçam elementos antes ignorados ou que por ventura passaram despercebidos nas investigações prévias, mas por certo úteis para o conhecimento do edifício e para a condução da restauração. Em particular, o responsável pelo canteiro, antes de raspar pinturas ou eventualmente remover rebocos, deve verificar se há ou não qualquer traço de decoração, e qual era a granulação e a coloração originárias das paredes e abóbadas.

Uma exigência fundamental da restauração é respeitar e salvaguardar a autenticidade dos elementos constitutivos da obra. Esse princípio deve sempre guiar e condicionar as escolhas operacionais. Por exemplo, no caso de paredes em desaprumo, mesmo se necessidades peremptórias apontem para a demolição e reconstrução, deve-se preliminarmente examinar e provar a possibilidade de aprumar sem substituir as paredes originais.

Assim, a substituição de pedras degradadas deverá ocorrer tão só em função de exigências gravíssimas e comprovadas.

As substituições e as eventuais integrações de paramentos parietais, onde necessário e sempre nos limites mais estritos, deverão ser sempre distinguíveis dos elementos originários, diferenciando os materiais ou as superfícies novas; mas em geral é preferível realizar em torno do perímetro da integração um sinal claro, persistente, e contínuo, como testemunho dos limites da intervenção. Isso poderá ser obtido através de uma pequena lâmina de um metal adequado, com uma série contínua de fragmentos laterícios sutis ou com sulcos visivelmente mais largos e profundos, de acordo com o caso.

A consolidação das pedras ou de outros materiais deverá ser provada experimentalmente quando os métodos amplamente testados pelo Instituto Central de Restauração ofereçam efetivas garantias. Deverão ser tomadas todas as precauções para evitar que a situação se agrave; do mesmo modo, todas as intervenções deverão ser postas em prática para eliminar as causas dos danos. Por exemplo, logo que se notem pedras rompidas por grampos ou hastes de ferro que com a umidade aumentam de volume, convém desmontar a parte afetada e substituir o ferro por bronze ou cobre; ou, melhor ainda, por aço inoxidável, que apresenta a vantagem de não manchar a pedra.

As esculturas de pedra colocadas no exterior dos edifícios ou nas praças, devem ser monitoradas, intervindo quando for possível adotar, através da práxis supracitada, um método comprovado de consolidação ou de proteção, inclusive sazonal. Quando isso for impossível, convirá transferir a escultura para um local abrigado.

Para a boa conservação das fontes de pedra ou de bronze, é necessário descalcificar a água, eliminando as incrustações calcárias e as danificadoras limpezas periódicas.

A pátina das pedras deve ser conservada por evidentes razões históricas, estéticas e também técnicas, pois costuma desempenhar uma função protetora como fica demonstrado pelas corrosões que se iniciam a partir das lacunas da pátina. Podem ser removidas as matérias acumuladas sobre as pedras – detritos, pó, fuligem, guano de pombo etc. – usando apenas escovas vegetais ou jatos de ar com pressão moderada. Por isso, deverão ser evitadas as escovas metálicas e raspadores, assim como convém sempre excluir os jatos com alta pressão de areia natural, de água e de vapor, sendo desaconselháveis, também, as lavagens de qualquer natureza.

Anexo C
Instruções para a Execução de Restaurações Pictóricas e Escultóricas

Operações preliminares

A primeira operação a realizar, antes de toda intervenção de restauro em qualquer obra de arte pictórica ou escultórica, é um reconhecimento acurado do estado de conservação. Nesse reconhecimento se inclui o exame dos vários estratos materiais de que a obra se compõe – precisando se são originais ou acréscimos – e a determinação aproximada das várias épocas em que as estratificações, as modificações, os acréscimos foram produzidos. Será, então, redigido um relatório que será parte integrante do programa e a origem do diário da restauração. A seguir, deverão ser executadas as fotografias indispensáveis da obra para documentar o estado precedente à intervenção de restauro; essas fotografias serão feitas, dependendo do caso, além de sob luz natural, também sob luz monocromática, com raios ultravioletas simples ou filtrados, com raios infravermelhos. É sempre aconselhável fazer, mesmo nos casos que não revelem, a olho nu, superposições, radiografias com raios X moles. No caso de pinturas móveis, também o reverso da obra deverá ser fotografado.

Se através da documentação fotográfica, que deverão ser anotadas no diário da restauração, forem observados elementos problemáticos, esses deverão ser assinalados.

Depois das fotografias, deverão ser retiradas amostras mínimas que correspondam a todos os estratos até o suporte, em lugares não capitais da obra, para efetuar secções estratigráficas, sempre que existirem estratificações ou for necessário verificar o estado da camada de preparação.

Deverá ser assinalado o ponto preciso do levantamento na fotografia com luz natural e registrada a anotação com referência à fotografia no diário de restauração.

No que se refere às pinturas murais, ou sobre pedra, terracota ou outro suporte (imóvel), será necessário verificar as condições do suporte em relação à umidade, definir se se trata de umidade por infiltração, condensação ou capilaridade; retirar amostras da argamassa e do aglomerado da parede e medir seu grau de umidade.

Sempre que se notar ou se supor que existam formações de fungos, deverão ser feitas análises microbiológicas também para elas.

O problema mais particular das esculturas, quando não se tratar de esculturas pintadas ou envernizadas, será o de verificar o estado de conservação da matéria de que foram feitas e, eventualmente, efetuar radiografias.

Precauções a serem tomadas ao se executar uma
intervenção de restauro

As análises preliminares devem ter oferecido meios para orientar a intervenção de restauro na direção certa, quer se trate de uma simples limpeza, de fixação, de remoção de repintes, de transposição, de recomposição de fragmentos. No entanto, a análise que seria a mais importante para a pintura, a determinação da técnica empregada, nem sempre poderá ter uma resposta científica e, por isso, a cautela e a experimentação para com os materiais a serem usados na restauração não deverão ser consideradas supérfluas por um reconhecimento genérico, feito sobre base empírica e não científica, da técnica utilizada na pintura em questão.

A limpeza poderá ser realizada sobretudo de dois modos: por meios mecânicos ou por meios químicos. Deve-se excluir qualquer meio que tire a visibilidade ou a possibilidade de intervenção e controle direto da pintura (como a câmera Pettenkoffer e similares).

Os meios mecânicos (bisturi) deverão ser utilizados sempre com o controle do microscópio binocular, mesmo que nem sempre sob sua lente.

Os meios químicos (solventes) deverão ser de tal natureza que possam ser imediatamente neutralizados, além de voláteis, ou seja, de modo que não se fixem de forma duradoura nos estratos da pintura. Antes de usá-los, deverão ser realizados testes para assegurar que não ataquem o verniz original da pintura, quando das seções estratigráficas resulte um estrato ao menos presumível como tal.

Antes de proceder à limpeza, qualquer que seja o meio empregado, é necessário, no entanto, controlar minuciosamente a estabilidade da pintura, qualquer que seja o seu suporte, e proceder à fixação das partes desprendidas ou periclitantes. Essa fixação poderá ser realizada, dependendo do caso, ou localmente ou com uma solução aplicada uniformemente, cuja penetração possa ser assegurada por uma fonte de calor constante e não perigosa para a conservação da pintura. Mas qualquer que seja a fixação executada, é regra estrita a remoção de qualquer traço do fixador da superfície pictórica. Para esse fim, depois da fixação, deverá ser feito um exame minucioso com o microscópio binocular.

Quando for necessário proceder à veladura[3] geral da pintura, por causa de operações a serem realizadas sobre o suporte, é taxativo que isso seja feito depois da con-

---

3. Nesse parágrafo, segundo a interpretação da tradução francesa (*op. cit.*, p. 193), trata-se provavelmente da *velinatura*, ou seja, aplicação do papel velino sobre a superfície da pintura para intervir no suporte. (N. da T.)

solidação das partes desprendidas ou periclitantes, e com um adesivo facilmente solúvel e diverso daquele empregado na fixação das partes desprendidas ou periclitantes.

Se o suporte da pintura for de madeira e estiver infestado por carunchos, térmitas etc., a pintura deverá ser submetida à ação de gazes adequados para eliminar os insetos sem danificar a pintura. Deve-se evitar embeber a obra com líquidos.

Sempre que o estado do suporte ou o da imprimadura, ou ambos – em pinturas móveis – exigir a destruição ou a remoção do suporte e a substituição da imprimadura, a imprimadura antiga deverá ser removida por inteiro à mão com o bisturi, já que adelgaçá-la não seria suficiente, a menos que só o suporte esteja deteriorado e a imprimadura esteja em bom estado. A conservação, quando possível, da imprimadura é sempre aconselhável para manter a conformação originária da superfície pictórica.

Na substituição do suporte lígneo, quando for indispensável, deve-se excluir a substituição por um novo suporte composto de madeira maciça e é aconselhável efetuar a aplicação sobre um suporte rígido só quando se estiver de todo seguro de que o próprio suporte não possuirá um coeficiente de dilatação diverso daquele do suporte removido. No entanto, o adesivo que fixa o suporte na tela da pintura transposta deverá ser facilmente solúvel, sem dano nem para a pintura, nem para o adesivo que liga os estratos pictóricos à tela de transposição.

Quando o suporte lígneo original estiver em bom estado, mas houver necessidade de retificar, reforçar ou taquear, deve-se ter presente que, quando não for indispensável para a fruição estética da pintura, é sempre melhor não intervir em uma madeira antiga e já estabilizada. Se for feita a intervenção, deve-se fazê-lo com precisas regras tecnológicas, que respeitem a direção das fibras da madeira. Deverá ser retirada uma amostra dessa madeira, identificar a espécie botânica e determinar o coeficiente de dilatação. Qualquer adição deverá ser realizada com madeira estabilizada e em segmentos pequenos, para torná-la o mais inerte possível em relação ao antigo suporte sobre o qual se insere.

O reforço, qualquer que seja o material com que for executado, deve assegurar fundamentalmente os movimentos naturais da madeira sobre a qual se fixa.

No caso de pinturas sobre tela, a eventualidade de uma transposição deve ser feita com a gradual e controlada destruição da tela deteriorada, enquanto para a eventual imprimadura (ou preparação) deverão ser seguidos os mesmos critérios utilizados para as pinturas sobre madeira. Quando se tratar de pinturas sem preparação, em que uma cor muito líquida tenha sido aplicada diretamente sobre o suporte (como nos esboços de Rubens), a transposição não será possível.

A operação de reentelar, qualquer que seja a forma de sua execução, deve evitar compressões excessivas e temperaturas muitíssimo altas para a película pictórica. Excluem-se sempre, e de modo taxativo, a aplicação de uma pintura sobre tela em um suporte rígido (maruflagem).

Os chassis deverão ser concebidos de modo a assegurar não apenas a tensão certa, mas também a possibilidade de restabelecê-la automaticamente, quando, por causa de variações térmicas e higrométricas, a tensão vier a ceder.

Providências que se devem ter em mente na execução de restauros de pinturas murais

Para as pinturas móveis a determinação da técnica pode dar lugar, por vezes, a uma pesquisa irresoluta e, com os conhecimentos atuais, irresolúvel, mesmo para as categorias genéricas de pintura a têmpera, a óleo, a encáustica, a aquarela ou a pastel; para as pinturas murais, executadas sobre argamassa ou diretamente sobre mármore, pedra etc., a definição do *medium* utilizado não será às vezes menos problemática (como para as pinturas murais de época clássica), mas, por outro lado, ainda mais indispensável para proceder a qualquer operação de limpeza, de fixação, de *strappo* ou de *distacco*[4]. Quando for necessário atuar através do *strappo* ou *distacco*, antes da aplicação das gazes protetoras por meio de um adesivo solúvel, é necessário assegurar-se que o diluente não dissolverá ou atacará o *medium* da pintura a ser restaurada.

Ademais, em se tratando de uma têmpera e, em geral, das partes a têmpera dos afrescos, em que certas

---

4. *Strappo* é a remoção apenas da camada pictórica; *distacco* é a remoção da camada pictórica com parte da argamassa. (N. da T.)

cores não podiam ser aplicadas a fresco, será indispensável uma fixação preventiva.

Às vezes, quando as cores da pintura mural se apresentarem polvorentas em um estado mais ou menos avançado, será também necessário um tratamento especial, de modo a remover a menor parte possível da cor polvorenta originária.

Quanto à fixação da cor, deve-se procurar um fixador que não seja de natureza orgânica, que force o menos possível os tons originais e que não se torne irreversível com o tempo.

O pó deverá ser examinado para ver se contém formações de fungos e quais causas podem ser atribuídas à sua formação. Quando se puderem conhecer as causas e encontrar um fungicida adequado, será necessário certificar-se de que não danificará a pintura e de que poderá ser facilmente removido.

Quando for preciso necessariamente proceder à remoção da pintura do suporte, entre os métodos a serem escolhidos, com probabilidades equivalentes de bom êxito, deverá ser escolhido o *strappo*, pela possibilidade que oferece de recuperar o esboço preparatório, no caso dos afrescos, e também porque libera a película pictórica de resíduos de um estuque degradado ou com patologias.

O suporte sobre o qual será recolocada a película pictórica deve oferecer máximas garantias de estabilidade, inércia e neutralidade (ausência de pH); ademais, deverá poder ser construído com as mesmas dimensões da pintura, sem suturas intermediárias, que, inevitavelmente, com o passar do tempo, apareceriam na superfície pictórica. A cola com que se fixará a tela aderente na película pictórica sobre o novo suporte deverá poder ser dissolvida com a maior facilidade com um solvente que não danifique a pintura.

Quando se preferir manter a pintura transposta sobre tela, naturalmente reforçada, o chassis deverá ser construído de tal modo e com materiais tais, que tenha a máxima estabilidade, elasticidade e automatismo para restabelecer a tensão que, por qualquer razão, climática ou não, viesse a variar.

Quando em vez de pinturas se tratar de remover mosaicos, será necessário assegurar que as tesselas, quando não constituem uma superfície completamente plana, sejam fixadas e possam ser reaplicadas em sua colocação originária. Antes da aplicação das gazes e da armação de sustentação, é necessário verificar o estado de conservação das tesselas e, eventualmente, consolidá-las. Particular cuidado deverá ser dedicado à conservação das características tectônicas da superfície.

Precauções a ter em mente na execução de restaurações de obras escultóricas

Depois de verificar a matéria e eventualmente a técnica com que se executaram as esculturas (se de mármore, pedra, estuque, cartão-pedra, terracota, terracota vidrada, argila crua, argila crua e pintada etc.), quando não houver partes pintadas e for necessária uma limpeza, deve-se excluir a execução de lavagens que, mesmo que deixem intacta a matéria, ataquem a pátina.

Por isso, no caso de esculturas encontradas em escavações ou na água (mar, rios etc.), se houver incrustações, essas deverão ser removidas preferivelmente com meios mecânicos, ou, se com solventes, estes últimos deverão ser de tal natureza que não ataquem a matéria da escultura e tampouco se fixem sobre ela.

Quando se tratar de esculturas de madeira, em que esse material esteja degradado, o uso de fixadores deverá ser subordinado à conservação do aspecto originário da matéria lígnea.

Se a madeira estiver infestada por carunchos, térmitas etc., será preciso submetê-la à ação de gases adequados, mas sempre que possível, deve-se evitar que seja embebida com líquidos que, mesmo na ausência de partes pintadas, possam alterar o aspecto da madeira.

No caso de esculturas reduzidas a fragmentos, o uso de eventuais hastes, suportes etc. deverá ser subordinado à escolha de um metal inoxidável. Para os objetos de bronze, recomenda-se um cuidado particular na conservação da pátina nobre (atacamitas, malaquitas etc.) sempre que embaixo dela não existirem sinais de corrosão ativa.

Advertências gerais para a recolocação de obras de arte restauradas

Como linha geral de conduta, não se deverá jamais recolocar uma obra de arte restaurada no lugar originário se a restauração tiver sido ocasionada pela situação térmica e higrométrica do lugar como um todo ou da parede em particular, e se o lugar ou a parede não tiverem passado por intervenções tais (saneamento, climatização etc.) que garantam a conservação e a salvaguarda da obra de arte.

Anexo D
Instruções para a Tutela dos Centros Históricos

Para se poder individuar os centros históricos, devem ser levados em consideração não apenas os antigos "centros" urbanos tradicionalmente entendidos, mas também, de um modo geral, todos os assentamentos humanos cujas estruturas, unitárias ou fragmentárias, ainda que parcialmente transformadas ao longo do tempo, tenham sido feitas no passado; ou, entre aquelas sucessivas, as que por ventura tenham adquirido particular valor de testemunho histórico ou proeminentes qualidades urbanísticas ou arquitetônicas.

O caráter histórico concerne ao interesse que tais assentamentos apresentam como testemunhos de civilizações do passado e como documentos de cultura urbana, mesmo independentemente de seu intrínseco valor artístico ou formal, ou de seu particular aspecto ambiental, que podem enriquecer e exaltar no futuro o seu valor, pois não apenas a arquitetura, mas também a estrutura urbana possui, por si mesma, significado e valor.

As intervenções de restauro nos centros históricos têm a finalidade de garantir – com meios e instrumentos ordinários e extraordinários – o permanecer no tempo dos valores que caracterizam esses conjuntos. A restauração não se limita, por isso, a operações voltadas a conservar apenas os caráteres formais de obras de arquitetura ou de ambientes singulares, mas se estende também à conservação substancial das características de conjunto do inteiro organismo urbano e de todos os elementos que concorrem para definir tais características.

Para que o organismo urbano em questão possa ser adequadamente salvaguardado, também em sua continuidade no tempo e no desenvolver em seu interior de uma vida civil e moderna, é necessário, antes de mais nada, que os centros históricos sejam reorganizados em seu mais amplo contexto urbano e territorial e em suas relações e conexões com futuros desenvolvimentos; isso também com o fim de coordenar as ações urbanísticas de maneira a obter a salvaguarda e a recuperação do centro histórico a partir do exterior da cidade, através de uma programação adequada das intervenções territoriais. Desse modo, poderá ser configurado, através dessas intervenções (a serem aplicadas mediante os instrumentos urbanísticos), um novo organismo urbano, em que se subtraiam do centro histórico as funções que não forem compatíveis com sua recuperação em termos de saneamento conservativo.

A coordenação deve ser considerada também em relação à exigência de salvaguarda do contexto ambiental mais geral do território, sobretudo quando este tiver assumido valores de particular significado, estreitamente ligados às estruturas históricas, tais como chegaram até nós (como, por exemplo, a coroa de colinas em torno de Florença, a laguna veneziana, as divisões romanas de terras em centúrias do Vale do Pó, a zona dos *trulli*[5] apulianos etc.).

No que respeita aos elementos singulares através dos quais se efetua a salvaguarda do organismo em seu conjunto, devem ser levados em consideração tanto os elementos edilícios quanto os outros elementos que constituem os espaços exteriores (ruas, praças etc.) e interiores (pátios, jardins, espaços livres etc.) e outras estruturas significativas (muralhas, portas, fortalezas etc.) assim como eventuais elementos naturais que acompanham o conjunto, caracterizando-o de modo mais ou menos acentuado (perfis naturais, cursos d'água, singularidades geomorfológicas etc.).

Os elementos edilícios que fazem parte do conjunto devem ser conservados não apenas em seus aspectos formais, que qualificam sua expressão arquitetônica ou ambiental, mas também em suas características tipológicas, como expressão de funções que caracterizaram, ao longo do tempo, o uso desses próprios elementos.

Qualquer intervenção de restauro deve ser precedida – para verificar todos os valores urbanísticos, arquitetônicos, ambientais, tipológicos, construtivos etc.–, por

5. Construções de pedra com cobertura cônica que existem em algumas localidades da Puglia. (N. da T.)

uma atenta operação de leitura histórico-crítica, cujos resultados não são voltados tanto para determinar uma diferenciação operativa – dado que em todo o conjunto definido como centro histórico será necessário operar com critérios homogêneos – quanto, antes, para individualizar os diversos graus de intervenção em nível urbanístico e edilício, qualificando o necessário "saneamento conservativo".

A esse propósito, deve-se precisar que por saneamento conservativo se deve entender, sobretudo, a manutenção das estruturas viárias e edilícias em geral (manutenção do traçado, conservação da rede viária, do perímetro dos quarteirões etc.); e, ademais, a manutenção das características gerais do ambiente que comportam a conservação integral dos elementos monumentais e ambientais mais marcantes e significativos e a adaptação dos outros elementos ou organismos edilícios singulares às exigências da vida moderna, considerando apenas excepcionalmente as substituições, mesmo parciais, dos próprios elementos e apenas na medida em que isso seja compatível com a conservação do caráter geral das estruturas do centro histórico.

Os principais tipos de intervenção urbanística são:

a. *Reestruturação urbanística.* É voltada a verificar e, eventualmente, a corrigir, quando necessário, as relações com a estrutura territorial ou urbana com a qual forma unidade. É de particular importância a análise do papel territorial e funcional que o centro histórico desenvolve ao longo do tempo e no presente. Nesse sentido, deve-se dedicar atenção especial à análise e à reestruturação das relações existentes entre centro histórico e desenvolvimentos urbanísticos e edilícios contemporâneos, sobretudo do ponto de vista funcional, com particular referência à compatibilidade de funções diretoras.

A intervenção de reestruturação urbanística deverá empenhar-se em liberar os centros históricos daquelas destinações funcionais, tecnológicas ou, em geral, de uso que provoquem neles um efeito caótico e degradante.

b. *Reordenação viária*. Refere-se à análise e à revisão das conexões viárias e dos fluxos de tráfego que incidem sobre a estrutura, com o fim prevalente de reduzir os aspectos patológicos e de reconduzir o uso do centro histórico a funções compatíveis com as estruturas do passado.

Deve ser considerada a possibilidade de instalação de equipamentos e de serviços públicos estreitamente ligados às exigências de vida do centro.

c. *Revisão do mobiliário urbano*. Concerne às ruas, às praças e a todos os espaços livres existentes (pátios, espaços interiores, jardins etc.) com o objetivo de obter uma conexão homogênea entre edifícios e espaços externos.

Os principais tipos de intervenção edilícia são:

1. *Saneamento estático e higiênico dos edifícios*, que tende à manutenção de sua estrutura e a um uso equilibrado da mesma; essa intervenção deve ser realizada em

função das técnicas, das modalidades e das diretrizes a que se referem as instruções para conduzir restaurações arquitetônicas. Nesse tipo de intervenção é de particular importância o respeito das qualidades tipológicas, construtivas e funcionais do organismo, evitando-se as transformações que alterem suas características.

2. *Renovação funcional* dos organismos internos, a ser permitida somente nos casos em que for indispensável aos fins de manutenção em uso do edifício. Nesse tipo de intervenção é de importância fundamental o respeito das qualidades tipológicas e construtivas dos edifícios, proibindo-se todas intervenções que alterem suas características, assim como os esvaziamentos da estrutura edilícia ou a introdução de funções que deformem excessivamente o equilíbrio tipológico-construtivo do organismo.

Os instrumentos operativos dos tipos de intervenção supracitados são essencialmente:

– planos diretores gerais, que reestruturem as relações entre centro histórico e território e entre o centro histórico e a cidade em seu conjunto;

– planos pormenorizados relativos à reestruturação do centro histórico em seus elementos mais significativos;

– planos de execução setorial, referentes a um quarteirão ou a um conjunto de elementos organicamente reagrupáveis.

Título	Teoria da Restauração
Autor	Cesare Brandi
Tradução	Beatriz Mugayar Kühl
Capa	Paula Astiz (projeto)
	Aline Sato (execução)
Editoração Eletrônica	Aline Sato
	Amanda E. de Almeida
Revisão de Texto	Renata Maria Parreira Cordeiro
Formato	12,5 x 20cm
Tipologia	Bodoni Book
Papel	Chambril Avena 80g/m² (miolo)
	Cartão Supremo 250g/m² (capa)
Número de Páginas	264
Impressão e Acabamento	Graphium